#요알못엄마도할수있는 #해

엄마의 간식

세상 편한
엄마의 간식

초판인쇄 2019년 2월 15일
초판발행 2019년 2월 20일
발 행 인 민유정
발 행 처 대경북스
ISBN 978-89-5676-777-2

이 도서의 국립중앙도서관 출판예정도서목록(CIP)은 서지정보유통지원시스템 홈페이지(http://seoji.nl.go.kr)와 국가자료종합목록시스템(http://www.nl.go.kr/kolisnet)에서 이용하실 수 있습니다.
(CIP제어번호 : CIP2019004192)

등록번호 제 1-1003호
서울시 강동구 천중로42길 45(길동 379-15) 2F
전화: (02)485-1988, 485-2586~87 · 팩스: (02)485-1488
e-mail: dkbooks@chol.com · http://www.dkbooks.co.kr

머리말

아이들의 간식! 삼시세끼 끼니 말고도 우리 아이들을 위해 간식을 준비하게 되는데, 보통은 기성 식품들을 사 먹이거나 간단한 것들은 직접 만들어 먹이기도 해요.

저 역시 만들어 주기도 하고 사 먹이는 것도 있는데, 간식의 대부분은 빵이나 떡, 사탕, 젤리 같은 것들이었어요. 한두 번은 괜찮지만 계속 먹이려니 당이 많이 첨가되어 있기도 하고 고지방인 경우도 많아, 이런저런 고민을 하게 되었습니다. 그래서 보다 다양한 간식을 만들어 주기 위해 요리책을 찾아보았는데, 굉장히 다양한 요리책들이 많이 나와 있더라구요.

그런데 대부분의 요리책에는 쉽게 구할 수 없는 재료들도 많고 조리과정이 너무 축약되어 있거나 생략되어 만들기 어려운 것들이 많았어요. 요리를 잘하는 분들이야 쉽게 할 수 있겠지만, 요리에 자신이 없는 분들이라면 요리의 이름도 생소하고 따라서 만들기도 어렵고 쉽게 용기를 내기 어려울 듯 싶었어요.

그러다 우연히 아동요리를 접하게 됐고 다양한 음식을 접하고 만들기 시작하면서 아이들을 위한 요리는 "쉽고 재밌고 맛있고 건강한 것이어야 하겠구나!"라는 생각을 가지게 되었어요. 그래서 구하기 쉬운 재료로 간편하게 만들 수 있는 건강한 간식을 생각하게 되었어요.

부모님들이 쉽게 만들 수 있으려면 재료도 구하기 쉬워야 하지만 조리방법 역시 쉬워야 한다는 것! 사진만 보고도 그대로 따라 할 수 있는 그런 간식!

10년이 넘게 요리강사 생활을 하면서 아이들을 위해 고민하고 직접 만들어 보았던 음식들 중 좋은 것들을 선정해서 건강하고 쉽고 맛있는 레시피를 선정했습니다. 특히 세상의 모든 부모님들은 내 아이가 똑똑하고, 건강하고, 키가 쑥쑥 자라기를 바라겠죠. 그래서 각 영역별 주제가 있는 간식을 준비했습니다. 그리고 요리에 대한 정보도 함께 담아 두었어요.

또 함께 요리를 만들며 아이와 시간을 보내고 교감하는 것도 부모와 아이의 소통을 위한 좋은 방법이라고 생각해요.

우리 아이에게 건강한 음식을 만들어주고 싶은 마음은 모든 엄마의 공통된 마음이란 걸 생각하며, 이 책이 많은 엄마들에게 도움이 되길 바랍니다.

2019년 1월

찌니쌤 정유진 드림

요리를 시작하기 전에 재료 손질이 먼저겠지요. 재료를 보기 좋게, 먹기 좋게 하고, 양념의 맛과 간이 잘 배도록 하기 위해서는 칼질하는 방법, 즉 썰기를 먼저 배워야 해요. 지금부터 요리의 기본이 되는 썰기 방법을 알아보아요.

재료를 썰는 방법

편썰기

얇고 넓게 써는 방법으로, 씹는 맛을 살리고 채소 자체의 모양이 살도록 써는 방법이에요. 생강이나 마늘 등을 썰 때 많이 사용해요. 국이나 절임 요리를 할 때 많이 사용해요.

어슷썰기

어슷썰기는 긴 토막을 한쪽으로 비스듬하게 경사지게 하여 써는 방법이에요. 우엉 · 오이 · 당근 · 파 등 가늘고 긴 재료를 썰 때 많이 사용하며, 썰어진 단면이 넓기 때문에 재료의 맛이 배기 쉬어 조림과 같은 요리에 좋아요. 재료를 써는 두께는 조리법에 따라 조금씩 달라요.

채썰기

어슷하게 여러 번 썬 다음 길이대로 놓고 같은 간격으로 잘게 써는 방법이에요. 채소를 무칠 때 많이 사용하며, 모양보다는 잘게 씹히는 맛을 살려주는 효과가 있어요. 절임 요리, 생채 무침, 잡채 등 다른 재료와 함께 어우러져 먹을 수 있는 요리에 자주 사용돼요.

통썰기

모든 썰기의 기초가 되는 방법으로, 식재료의 동그란 모양이 그대로 살도록 써는 방법이에요. 애호박이나 오이, 무 등을 썰 때 많이 사용해요. 식재료의 두께를 일정하게 하는 것이 통썰기의 포인트에요.

십자썰기

감자 · 고구마처럼 둥근 재료를 일정한 간격으로 통썰기한 후에 다시 써는 방법이 십자썰기에요. 보통 둥근 채소를 세로로 썰고 다시 가로로 썰면 돼요. 조림이나 찌개요리에 많이 사용해요.

반달썰기

반달 모양으로 썬다고 해서 이름 붙여졌으며, 애호박이나 오이 등 긴 원통형 식재료를 손질할 때 많이 사용해요. 먼저 재료를 반으로 길게 가른 다음 눕혀 놓고 일정한 폭으로 썰면 돼요.

막대썰기

재료를 통썰기한 다음 다시 원하는 길이의 막대 모양으로 써는 방법이에요. 무 · 오이 · 당근처럼 생으로 먹는 채소를 손질할 때 사용하며, 깍뚝썰기나 나박썰기의 기본이 되는 썰기에요.

나박썰기

식재료를 납작하고 네모지게 써는 방법이에요. 먼저 1.5~2cm 두께로 막대썰기한 다음 돌려 놓고 일정한 간격으로 썰면 돼요. 뭇국이나 나박김치를 만들 때 많이 사용해요.

깍뚝썰기

식재료를 직6면체로 써는 방법이에요. 1.5~2cm 두께로 막대썰기한 다음 가로로 놓고 같은 간격으로 평행하게 썰어나가면 돼요. 깍두기나 카레 등을 만들 때 많이 사용해요.

돌려깎기

일정한 길이로 썬 재료를 겉껍질을 얇게 돌려가며 깎는 방법이에요. 오이나 애호박 · 대추 등 연한 채소를 손질할 때 많이 사용해요. 씨가 있는 채소의 씨를 제거해서 보기 좋게 할 때 많이 사용해요.

다지기

재료를 아주 작은 크기로 깍뚝써는 방법이에요. 대파나 마늘 · 생강 등 양념으로 이용되는 채소를 손질할 때 많이 사용해요. 칼질을 가로 세로로 여러 번 해서 재료를 잘게 만들면 돼요.

메뉴

머리가 똑똑해지는 요리

비타민이 듬뿍 들어 있는 요리

단백질이 풍부한 요리

장을 튼튼하게 해주는 요리

키를 쑥쑥 자라게 해주는 요리

동남 · 동북아시아의 요리

유럽 · 아메리카대륙의 요리

영양 가득 샌드위치 요리

우리나라 전통요리

재미있는 퓨전요리

단위 안내

T(15ml)	테이블스푼(큰 스푼)	예 : 밥숫가락
t(5ml)	티스푼(작은 스푼)	예 : 찻숟가락
C	200ml 계량컵 기준(250ml 계량컵도 있으니 주의할 것)	

강황 속 커큐민 성분은 치매를 예방하는 효능이 있고, 혈관 건강에도 매우 좋아요.

강황과 커큐민

- 강황 속의 커큐민(curcumin)은 강력한 항염증 효과가 있어 통증과 염증을 감소시키고, 관절염 · 위염 · 역류성 식도염 등에도 효과가 있어요.
- 나쁜 콜레스테롤(HDL)의 수치를 떨어뜨려 혈액순환 개선에도 도움을 줘요.
- 강황을 매 끼니마다 섭취하는 인도인들이 미국인들에 비해 치매에 걸릴 확률이 매우 낮은 것으로 조사되었어요.
- 활성산소는 우리 몸을 녹슬게 만들고, 수 많은 질병을 일으키는 원인이 되는데, 커큐민이 항산화 작용을 하므로 강황을 많이 먹으면 활성산소를 없앨 수 있어요.

밭에서 나는 쇠고기라 불리는 건강식품계의 신데렐라

콩

- 콩에 들어 있는 단백질의 양은 농작물 중에서 최고에요.
- 콩에는 비타민 B군이 특히 많고 A와 D도 들어 있고, 콩나물에는 비타민 C도 풍부해요.
- 우리나라에서는 오랜 옛날부터 된장 · 간장 · 고추장 등의 장의 재료로 사용해 왔고, 두부로도 만들어 먹는 등 매우 친숙한 재료입니다.
- 체중 감량, 골밀도 증강, 유방암 발병률 감소 등에 효과가 있고, 식이섬유도 풍부하여 당뇨병 예방에도 도움이 돼요.

머리가 똑똑해지는 요리

사모사

사모사(samosa)는
패스트리 반죽으로 만든 피 속에 감자, 완두, 다진 고기 등을 넣어
향신료로 간을 한 것을 채워 기름에 튀겨 낸 음식이에요.
10세기 이전부터 중동 지역에서 먹었어요.
13~14세기 무역상들에 의해 인도로 전해져 발전되었어요.
모양은 삼각형(세모꼴)이고, 크기는 한 입 크기에서부터
주먹 만한 것까지 다양해요.
인도 가정에서는 차이(인도 티)와 함께 먹어요.
인도에서는 파티나 행사에 빠지지 않는 음식 중 하나에요.

준비물

목표량 10~12개

만두피 10장
간 쇠고기 80g
감자 100g
당근 30g
양파 1/4개
토마토 100g
카레가루 1~2T 취향에 따라
다진 마늘 1T
모짜렐라 치즈 1C
소금과 후추 조금

사모사 조리방법

1 감자는 깍둑썰어 삶는다.

2 채소는 모두 작게 다진다.

3 토마토는 씨를 제거하고 썬다.

4 쇠고기를 먼저 볶다가 당근, 양파를 넣어 함께 볶는다.

5 삶아 낸 감자의 물기를 체에 받쳐 빼고, 볶아 놓은 채소와 카레가루를 넣어 섞는다.

6 한 김 식혀 모짜렐라 치즈를 넣어 섞는다.

7 만두피에 속재료를 올려 놓고 테두리에 물을 묻혀 세모 모양으로 접어 붙인다.

8 팬에 기름을 두르고 구워낸다.

두유 초코칩 쿠키

두유는
중국 후한 시대부터 먹었던 마셨던 음료라고 해요.
우리나라에서는 삼국 시대 말이나 통일신라 초부터 먹기 시작했는데,
고려 시대까지는 두즙, 두부즙이라고 불렀대요.
1916년에 Melhuish라는 영국인이
'soymilk' 라는 이름으로 특허권을 받았어요.
두유 190ml 한 팩에는 콩이 무려 170~180알이나 들어 있다고 해요.

준비물

목표량 10개

- 두유 50g
- 흑설탕 40g
- 갈색설탕 40g
- 카놀라오일 60g
- 밀가루 160g
- 베이킹파우더 1/2t
- 베이킹소다 1/8t
- 호두 60g
- 초코칩 80g

1 보울에 오일, 흑설탕, 갈색설탕, 두유를 넣는다.

2 설탕이 녹을 때까지 잘 젓는다.

3 밀가루와 베이킹 파우더, 베이킹 소다를 체로 걸러준다.

4 주걱으로 자르듯이 섞는다.

5 호두와 초코칩을 넣고 섞는다.

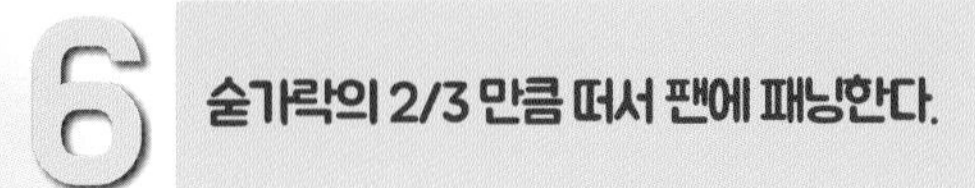

6 숟가락의 2/3 만큼 떠서 팬에 패닝한다.

7 170도 오븐에서 15분간 굽는다.

8 접시에 담아낸다.

달걀미역전

달걀은
어린이 성장에 필요한 필수 아미노산이 들어 있어요.
달걀의 비타민 D는 골다공증을 예방해요.
비타민 E가 들어 있어 피부노화도 방지한답니다.
달걀에 들어 있는 콜린이라는 성분은 기억력과 학습능률을 높여
두뇌활동을 향상시키고 치매 예방에 도움을 줍니다.
특히 달걀 노른자는 두뇌활동 조절하고,
통제능력과 학습능률을 향상시킵니다.
달걀 흰자는 감기를 낫게 해주고, 동맥경화를 예방해요.

달걀 5개
미역 2/3C
소금 조금
버섯 한 줌씩
카놀라오일 조금

1 달걀에 소금을 넣고 풀어 거품을 낸다.

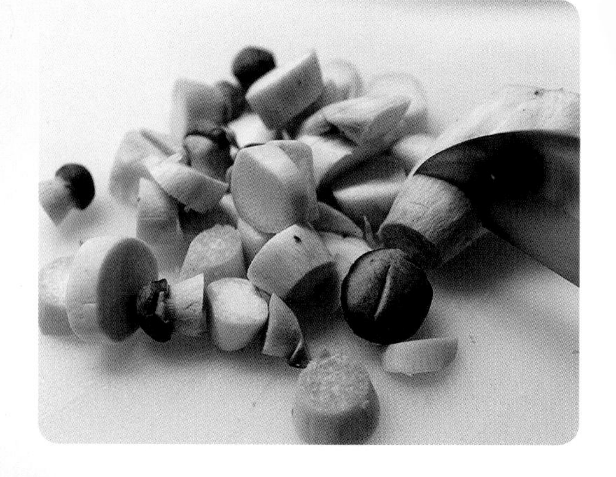

2 버섯은 작게 다진다.

3 미역은 물에 불려 작게 자른다.

4 달걀 물에 미역과 버섯, 다진 마늘을 넣고 잘 섞는다.

5 팬에 부은 후 굽는다.

6 잘라서 맛있게 먹는다.

참치 두부 스테이크

스테이크(steak)는
보통 쇠고기 · 송아지고기 · 양고기의
연한 부분을 구운 것을 말해요.
생선 중에서 대구 · 광어 · 연어 · 다랑어 같은 기름기 많고
큰 생선을 내장을 빼고 토막쳐서 구운 것도 스테이크라고 해요.

스테이크

기름 뺀 참치 150g
두부 200g
브로콜리 25g
양파 60g
당근 20g
달걀 1개
빵가루 35g
오일 2T
후추 조금

소스

양파 40g
양송이 2개
다진 마늘 1T
돈가스소스 3T
데리야끼소스 2T
케찹 2T
올리고당 2T
물 3T
맛술 1T

1 참치와 두부는 체에 올려 기름과 물을 미리 빼놓는다.

2 소스용 양파는 채썰고, 양송이버섯은 편썰기한다.

3 브로콜리, 양파, 당근은 작게 다진다.

4 물기 빠진 두부는 칼등으로 으깬다.

5 팬에 채썰어 놓은 양파와 버섯을 넣고 후추를 뿌려 볶는다.

6 볶아지면 소스재료를 모두 넣고 끓인다.

7 보울에 다져놓은 채소와 으깬 두부, 빵가루, 후추. 달걀을 넣는다.

8 잘 치대어 뭉칠 수 있게 만든다.

9 동그랗게 빚어 팬에 기름을 두르고 앞뒤로 지진다.

10 접시에 담고 소스를 뿌려 먹는다.

소화를 돕고, 살균력이 있어 식중독 예방에 좋아요.

식초

- 소화를 돕고 식욕을 북돋아줍니다.
- 강력한 살균력을 가지고 있어 여름 식중독 예방에 좋아요.
- 비만 예방 효과가 탁월하며, 피로회복의 효능이 있어요.
- 해독작용, 살충작용, 진통작용이 있어요.

사과를 깎아 두면 공기 중의 산소와 사과의 폴리페놀 산화효소가 만나 갈색으로 변해요.

과일의 갈변

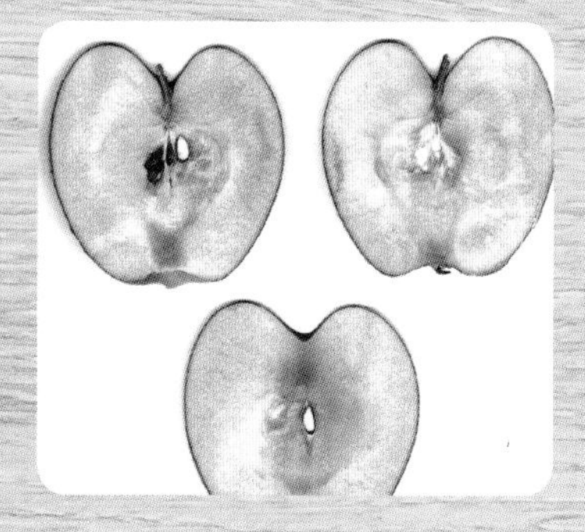

사과를 깎아 두면 왜 색이 변할까요?
공기 중의 산소가 사과의 폴리페놀 산화효소와 만나 갈색으로 변하기 때문이에요.

갈변(갈색으로 변하는 것)을 방지하려면
- 레몬즙, 비타민 C, 식초를 뿌려요.
- 설탕물이나 소금물에 담궈요.

비타민이 듬뿍 들어 있는 요리

과일펀치

펀치(punch)는
인도어인 폰추에서 유래된 단어로,
5가지(술, 차, 설탕, 물, 레몬주스)란 뜻이에요
인도에서 고아(포르투칼 영토)를 거쳐 유럽으로 전해졌어요.
계절 과일 2~3가지를 썰어 레몬즙, 시럽, 탄산음료, 얼음
등을 넣어 만들어요
더운 것과 찬 것이 있어요.

오렌지주스 200ml
사과주스 200ml
과일식초 30ml

사과 1/4개
키위 1개
배 1/4개

과일펀치 조리방법

1 과일 재료를 손질하여 준비한다.

2 과일은 모두 깍두기 모양으로 작게 썰어 놓는다.

3 썰어 놓은 과일과 주스를 잘 섞는다.

4 얼음을 넣는다.

5 완성하면 작은 그릇에 옮겨 담는다.

당근 팬케이크와 당근 잼

팬케이크(pancakes)는
밀가루, 달걀, 우유를 섞어 부침개처럼 얇게 지진 빵이에요.
미국에서는 보통 아침 식사로 먹고,
영국에서는 잼 등을 얹어 디저트로 먹거나,
고기 · 치즈 등과 함께 주요리로 먹는다고 해요.
사람들이 먹는 가장 오래된 빵의 형태 중 하나인 팬케이크는
몇 백 가지의 다양한 종류가 있어요.

당근 팬케이크

당근 1/2개
우리밀 1C
설탕 2T
베이킹파우더 1t
소금 조금
우유 3T
계란 1개

당근 잼

당근 1/2개
설탕 4T
물 4T

1 당근은 강판에 곱게 갈아준다.

2 우리밀에 베이킹파우더를 넣고 체에 내린다.

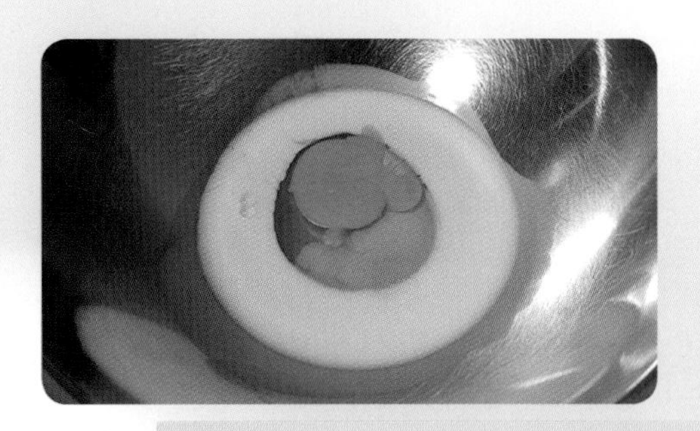

3 우유와 계란을 섞는다.

4 체에 내린 가루를 섞은 다음 설탕을 넣어 다시 젓는다.

5 갈아 놓은 당근을 넣고 섞는다.

6 팬에 기름을 두르고 동그랗게 구워 낸다.

당근 잼 조리방법

1 당근 1/4개를 강판에 간다.

2 나머지 당근은 동그랗게 잘라 모양 커터로 찍는다.

3 냄비에 갈아놓은 당근, 모양을 낸 당근, 설탕과 물을 넣고 끓인다.

4 물이 줄어들고 당근이 졸여지면 불을 끈다(반으로 줄 때까지).

사과파이

사과는
식이섬유가 풍부하고 다이어트에 좋은 알칼리성 식품으로,
항산화작용, 항바이러스, 항균작용을 해요.
삼겹살과 같이 먹으면 칼륨* 흡수를 도와줘요.
비타민 C가 많이 들어 있어요.

* 칼륨은 혈압을 올리는 나트륨을 몸 밖으로 배출하는 미네랄

사과 110g
설탕 30g
계피가루 1g
버터 5g
식빵 4장

1 사과의 껍질을 벗기고 작게 썬다.

2 냄비에 버터를 넣고 녹이다가 사과와 설탕을 넣고 졸인다.

3 반 정도 졸여지면 계피가루(시나몬 파우더)를 넣고 졸인다.

4 식빵의 테두리를 자른다.

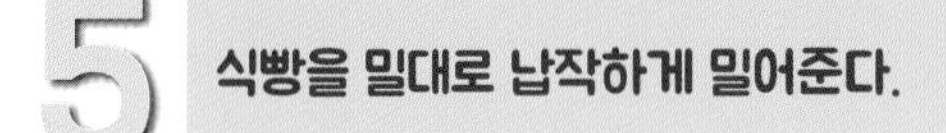

5 식빵을 밀대로 납작하게 밀어준다.

6 식빵 위에 졸인 사과를 적당량 올려 놓는다.

7 식빵을 반으로 접어 포크로 꾹꾹 누른다.

8 오븐에서 170도로 5~10분 정도 굽는다.

딸기모찌

다이후쿠(大福, だいふく)는
팥소를 넣은 둥근 찹쌀떡이 큰 복을 주는 떡이라 하여 붙힌 이름이예요.
일본에서는 예로부터 재앙을 물리치고
복을 불러오는 떡이라고 믿었어요.
다이후쿠는 우리나라에서도 자주 볼 수 있는 찹쌀떡인데,
이치고 다이후쿠(いちご大福)는 딸기 한 개를 그대로 넣어 만든
다이후쿠(찹쌀떡)를 말해요.

찹쌀가루(건식) 100g
물 100g
딸기 100g(반죽용)
딸기 6알

설탕 100g
앙금 500g
옥수수전분 1C

딸기모찌 조리방법

1 찹쌀가루에 물을 넣고 섞어 준다.

2 반죽에 설탕을 넣고 골고루 섞는다.

3 딸기를 믹서에 갈아 체에 내려준다,

4 내린 딸기는 반죽에 넣고 섞어준다.

5 랩을 씌어 잠시 둔다.

6 딸기는 깨끗이 씻어 물기를 없애고 앙금을 넓게 펴서 딸기를 감싸준다.

7 앙금으로 감싼 딸기는 냉장고에 넣어 둔다.

8 전자레인지에 반죽을 넣고 2분간 돌려준다.

9 2분 후 꺼내 골고루 섞어준 후 다시 2분간 돌려준다.

10 반죽이 다 되면 옥수수전분을 넓게 펴고 반죽을 10등분 해준다.

11 반죽을 펴고 앙금으로 감싼 딸기를 덮어준다.

12 먹기 전에 냉장고에 넣어두었다가 시원하게 먹는다.

달걀은 씻지 말고 평평한 쪽이 위로 가도록 해서 냉장고에 보관하면 좋아요.

달걀

◈ 달걀 흰자는 단백질, 노른자는 지방과 단백질이 주성분이에요.

◈ 노른자에는 비타민 A · D · E · B2와 철분이 많이 들어 있으므로 건강한 성인은 하루 한 개 정도 먹는 것이 좋아요.

◈ 달걀은 물로 씻지 말고 평평한 쪽이 위로 가도록 냉장고에 보관해요. 낮은 온도에서 보관하면 빨리 상

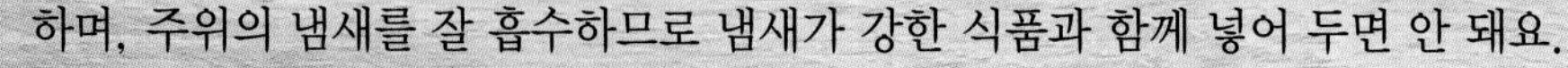

하며, 주위의 냄새를 잘 흡수하므로 냄새가 강한 식품과 함께 넣어 두면 안 돼요.

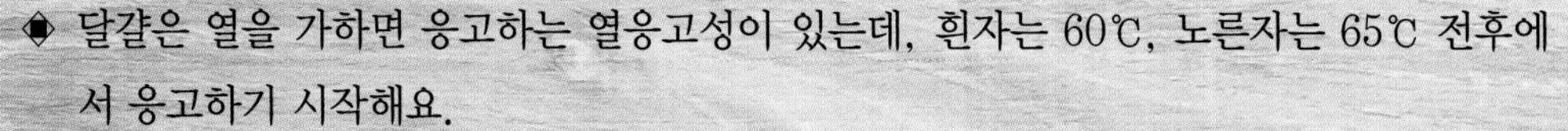

◈ 달걀은 열을 가하면 응고하는 열응고성이 있는데, 흰자는 60℃, 노른자는 65℃ 전후에서 응고하기 시작해요.

필수아미노산과 단백질이 풍부한 영양식품

닭고기 부위별 영양

닭가슴살

지방이 가장 적고, 단백질이 풍부해요.

닭다리

필수아미노산이 풍부해서 어린이 성장에 좋아요.

닭날개

콜라겐과 단백질이 풍부하고, 피부 노화를 방지해요.

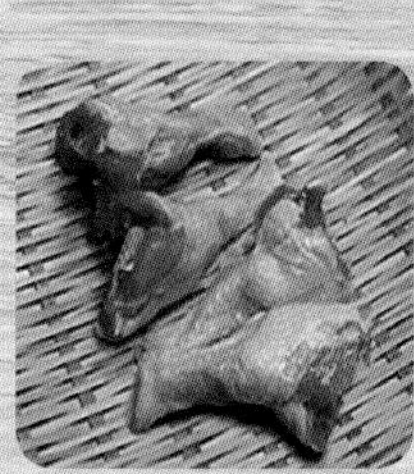

닭봉

닭 어깨부위로, 단백질이 많고 지방이 적어요.

단백질이 풍부한 요리

팝콘 치킨 (주스팝콘)

닭고기에는
필수 아미노산인 메티오닌이 들어 있어요.
닭고기는 고단백, 저칼로리 음식이며,
닭다리에는 필수 아미노산이 풍부해서 어린이 성장에 좋아요.
닭고기는 쇠고기보다 단백질이 많아요.
닭고기에는 피로회복과 가래 제거, 혈액순환을 좋게 하는 효과가 있어요.
닭고기가 맛있는 이유는
닭고기 속에 글루탐산이 들어 있기 때문이에요.

- 닭안심 200g
- 옥수수가루 50g
- 전분가루 30g
- 케이준 파우더 5g
- 치킨 시즈닝 5g
- 파마산 치즈 10g
- 고구마 100g
- 떡 6알
- 기름 1C

※ 치킨 시즈닝 없으면 소금 조금, 후추, 카레가루 1/2T로 대체가능

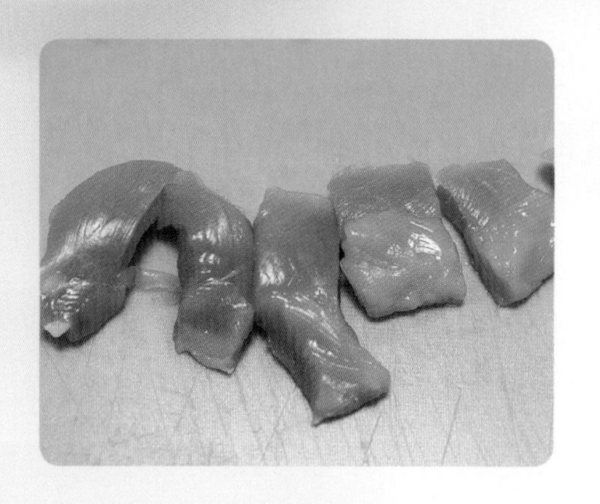

1 닭고기를 물에 깨끗이 씻어 물기를 제거한다.

2 닭고기를 한 입 크기로 잘라 치킨 시즈닝과 함께 버무린다.

3 고구마는 깍둑썰기한다.

4 롤 백에 전분, 옥수수가루, 케이준 파우더, 파마산 치즈를 넣고 섞는다.

5 고구마와 떡을 먼저 가루에 넣고 섞는다.

6

7 치킨 시즈닝으로 간을 한 닭고기를 가루에 넣고 흔들어 골고루 묻힌다.

8 팬에 기름을 두르고 고기와 고구마, 떡을 굽는다.

스터프드 에그

스터프드 에그(stuffed egg)는
입맛을 돋우는 재료들이 어울려져
미각을 자극하므로
자꾸만 먹고 싶어지는 요리에요.

준비물

목표량
8개(삶은 달걀 4개)

- 삶은 달걀 4개
- 양파 1/8조각
- 미니 피클 1개
- 블루베리 3알
- 애플민트 조금
- 마요네즈 4T
- 카레가루 1t
- 후추 조금
- 소금 조금

스터프드 에그 조리방법

1 삶은 달걀을 반으로 자른다.

2 노른자는 따로 빼놓고, 흰자는 바닥쪽을 조금 잘라 평평하게 만든다.

3 계란 노른자를 으깬다.

4 으깬 계란 노른자는 체에 곱게 내린다.

5 양파와 피클은 아주 작게 다진다.

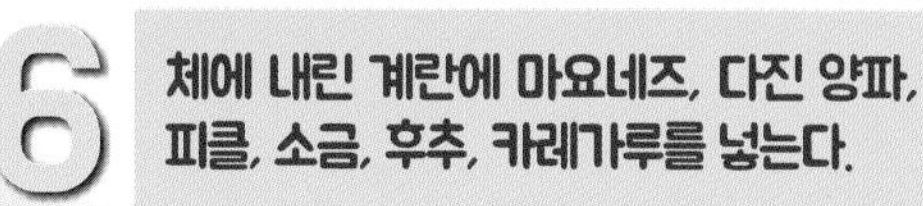

6 체에 내린 계란에 마요네즈, 다진 양파, 피클, 소금, 후추, 카레가루를 넣는다.

7 잘 저어서 섞는다.

8 짤주머니에 모양깍지를 끼워 흰자 안에 예쁘게 짜서 넣는다.

닭고기 스낵랩

닭고기 스낵랩(snack wrap)은
사과, 오이, 파프리카를 썰어
닭가슴살과 함께 상추에 싸고
그 위에 또띠아를 돌돌 말아 쉽게 만들 수 있는 요리입니다.

닭고기 스낵랩

닭가슴살 1덩어리
상추 4장
사과 1/4개
오이 1/3개
파프리카(빨강/노랑) 1/4개씩
또띠아 2장

머스터드 소스

소금 1/2t
후추 조금
월계수잎 2장
맛술 2T

닭고기 스냅 랩 조리방법

1 닭가슴살에 밑간을 하고 삶는다.

2 삶은 닭가슴살을 손으로 길게 찢는다.

3 사과, 오이, 파프리카는 길게 채썬다.

4 또띠아 위에 머스터드 소스를 바른다 (가운데 부분에 그림을 그려도 좋다).

5 또띠아 위에 상추를 올린다.

6 상추 위에 썰어 놓은 채소와 닭가슴살을 올린다.

7 또띠아를 돌돌 만다.

8 말아 좋은 스낵랩을 유산지로 예쁘게 포장한다.

두부김치전

두부는
콩제품 중 가장 대중적인 가공품으로
질높은 식물성 단백질이 풍부한 식품이에요.
두부는 콩에 들어 있는 단백질의 93% 이상, 탄수화물의 85% 이상,
지방의 95% 이상, 비타민의 50~60% 이상을 가지고 있어요.
콩은 약 40%가 단백질이지만 소화가 잘 되지 않고,
볶거나 쪄서 먹어도 50~70% 정도밖에 소화되지 않아요.
그러나 두부는 소화율이 95%나 되는 우수한 단백질 식품이에요.

두부 1모
김치 1/2컵
부침가루 1컵
부추 1줌
양파 1/2개
달걀 1개
기름 1/2C

두부김치전 조리방법

1 양파를 다진다.

2 부추를 손가락 한 마디 길이로 자른다.

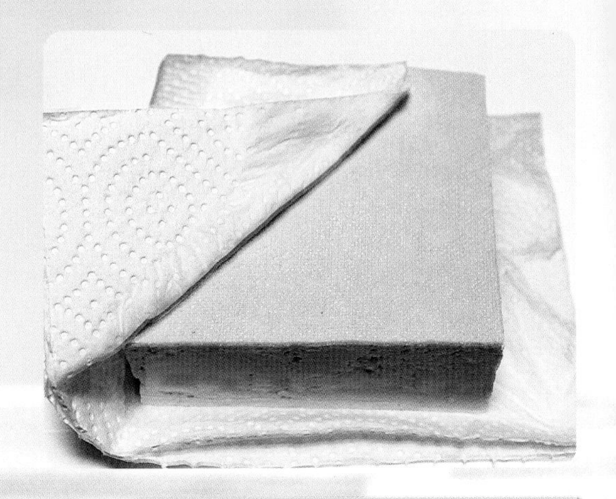

3 김치를 작게 썬다.

4 키친타월을 이용해 두부의 물을 짠다.

5 두부, 부침가루, 달걀, 썰어놓은 야채를 보울에 모두 넣고 섞는다.

6 팬에 기름을 두르고 한 수저씩 떠서 지진다.

치킨 반미

반미는
프랑스 식민 시대(1883~1945)를 거치면서
프랑스 식문화의 영향을 받아 생겨났어요.
베트남식 바게트에 고유의 식재료로 속을 채워 먹기 시작하면서 발전했어요.
반미에 들어가는 속재료는 매우 다양하지만,
새콤달콤하게 절인 무 또는 당근, 오이, 고추, 고수, 파테, 마요네즈, 간장 등이 쓰여요.
반미는 베트남의 대표적인 길거리 음식 중 하나로,
노점이나 가판대에서 저렴한 가격에 판매하고 있어요.

닭가슴살 1개
치아바타 2개
오이 30g
상추 2장
당근 30g
무 60g
뜨거운물 200ml
피쉬소스 1/2T
설탕 3T
소금 2T
식초 2T

빵 스프레드

마요네즈 3T
스리라차소스 1T

닭고기소스

간장 1/2C
마늘 1T
설탕 1T
액젓 1/2T
맛술 1/2T
식초 1/2T
물엿 1T
후추 조금
스리라차소스 1/2T
※ 매우면 빼도 무관

치킨 반미 조리방법

1 무와 당근은 채썬다.

2 뜨거운 물을 끓여 소금, 설탕, 식초, 액젓을 넣고 푼다.

3 채썰어 놓은 무와 당근을 절인다.

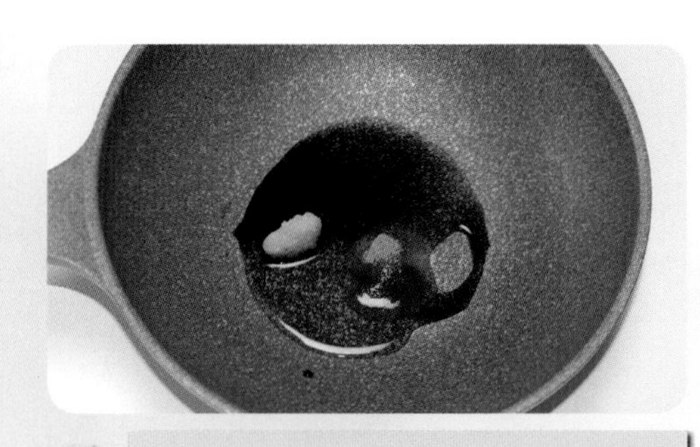

4 닭고기 양념 소스를 끓인다.

5 닭고기는 가늘게 찢는다.

6 찢어놓은 닭고기에 끓인 소스를 넣고 버무린다.

7 마요네즈와 스리라차 소스를 섞어 빵에 바를 스프레드를 만든다.

8 오이는 옆으로 어슷썰기 한다.

9 무, 당근 절임을 손으로 꼭 짠다.

10 빵을 반으로 자른 후 스리라차소스를 바르고 오이와 상추를 붙인다.

11 무당근절임, 고기를 올려 완성한다.

12 먹기 좋게 자른 후 담아낸다.

이탈리아의 캄파니아 지방에서 물소 젖 또는 우유 커드(curd)로 만든 fresh 치즈

모짜렐라 치즈

- 리코타(Ricotta) 치즈와 함께 이탈리아에서 가장 유명한 치즈에요.
- 전통적으로 물소의 고지방유로 제조했지만, 최근 북이탈리아 지방에서는 우유로도 양질의모차렐라 치즈를 제조하고 있어요.
- 커드(curd)란 우유가 산이나 효소에 의해 응고된 것을 말하는데, 가열하였을 때 녹고 잡아당기면 늘어나는 특징이 있어서 피자 토핑에 이용돼요.

서양 자두로 불리며, 씨가 있는 상태에서 발효되지 않고 말릴 수 있는 자두

프룬(건자두)

프룬(prune, 건자두)은 프랑스 남서부 지방이 원산지로 신맛이 적고 단맛이 강해요.

- 비타민 A가 많아 눈과 피부의 건강에 좋아요.
- 식이섬유가 풍부하여 변비 예방 효과가 있고, 여성에게 좋아요.
- 항산화성분이 블루베리의 2배나 들어 있어 면역력 강화에 좋아요.
- 철분과 칼륨이 사과보다 8배나 많아요.
- 비타민 C가 풍부해요.

장을 튼튼하게 해주는 요리

옥수수 머핀

머핀(muffin)은
밀가루 · 설탕 · 달걀 · 유지 · 우유 · 베이킹파우더 등을
섞어서 구워 만든 과자에요.
영국에서는 아침식사나 3시의 티타임에 주로 먹어요.
잘 섞인 재료를 기름을 두른 원형의 머핀판에 부어넣고 오븐에서 굽는데,
빵을 식사 대용으로 할 때는 기름에 볶은 베이컨이나 햄을 넣기도 해요.
과자로는 건포도 · 아몬드 등의 너트류에 바닐라 향료를 넣은 것도 있어요.
따뜻할 때 버터나 잼을 발라 먹어요.

박력분 100g
옥수수가루 40g
베이킹파우더 3g
달걀 2개
설탕 70g
오일 40g
옥수수 70g

1 보울에 달걀, 설탕, 오일을 넣는다.

2 설탕이 다 녹을 때까지 젓는다.

3 박력분과 베이킹파우더, 옥수수가루를 체에 내린다.

4 가루가 보이지 않을 때까지 젓는다.

5 옥수수 알갱이를 넣고 골고루 섞는다.

6 유산지 컵에 2/3가 넘지 않도록 담는다.

7 반죽 위쪽을 옥수수로 장식한다.

8 180도 오븐에서 20분간 구워낸다.

오코노미야끼

오코노미야끼는
물에 푼 밀가루를 기본으로
고기나 어패류 및 야채를 재료로 철판 위에서
부침개처럼 평평하게 부쳐서 소스를 쳐서 먹는 요리에요.
오코노미야끼는 불교의식용 떡인
후노야키에서 유래했는데, 물에 풀은 밀가루를 부쳐먹었다고 해요.
20세기 들어 히로시마에서 돼지고기, 소고기, 어패류, 계란 등
취향에 맞게 넣어 먹기 시작하면서부터
현재의 오코노미야끼로 부르는 스타일로 발전되었다고 해요.

밀가루 50g
부침가루 50g
새우 50g
양배추 100g
양파 1/3개

베이컨 2장
호박 70g
달걀 1개
숙주 100g
물 100ml

마요네즈 약간
돈가스소스 약간
오일 약간
가쓰오부시 약간

오코노미야끼 조리방법

1 밀가루와 부침가루, 달걀, 물을 넣고 밑반죽을 한다.

2 새우는 깨끗이 씻어 물기를 빼둔다.

3 양배추와 양파, 호박은 모두 채썰기 한다.

4 숙주는 물에 깨끗이 씻은 후 물기를 빼서 3등분으로 자른다.

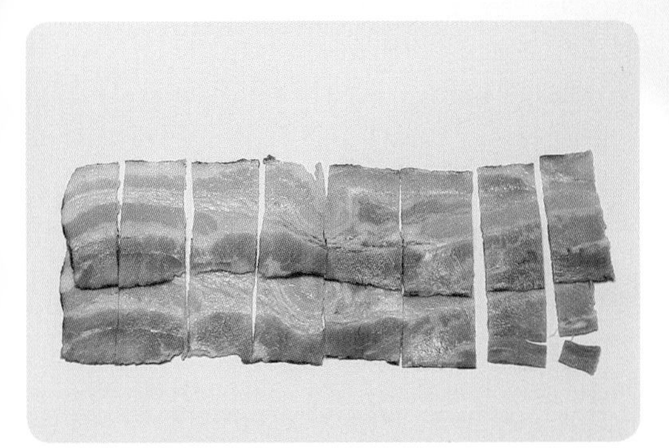

5 베이컨은 여러 조각으로 자른다.

6 모든 재료를 밀가루 반죽에 넣고 섞는다.

7 팬에 기름을 두른 후 반죽을 한 국자 떠서 동그랗게 만든 후 베이컨을 얹는다.

8 뒤집어서 속까지 익힌다.

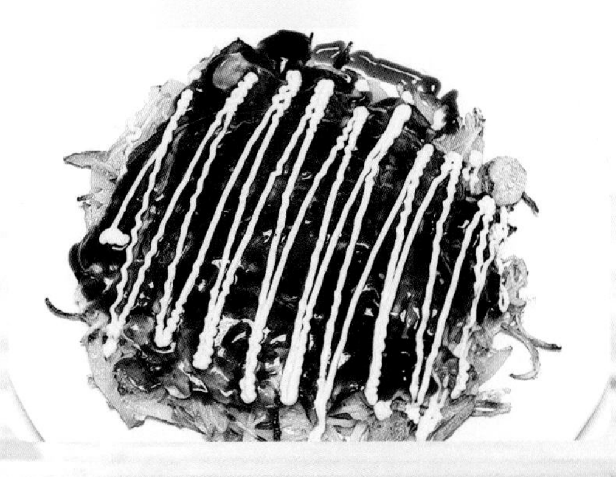

9 접시에 담고 돈가스소스를 바르고 마요네즈를 뿌린다.

10 가쓰오부시를 올린다.

가지 힌트

가지(eggplant)는
인도가 원산이며, 열대에서 온대에 걸쳐 재배해요.
수분 함량이 90%나 돼요.
조리 시 영양 파괴가 적어서
삶거나 볶아도 80%의 영양분이 보존돼요.
보라색을 내는 안토시아닌 계열의 색소가 풍부하여
노화 예방, 항암 작용을 해요.
베타카로틴은 비타민A로 전환되어 시력 보호 효과가 있어요.

준비물

목표량 4조각

가지 2개
양파 40g
노랑/빨강 파프리카 1/4조각씩
피망 1/4조각
소고기간 것 100g
모짜렐라치즈 70g

방울토마토 10개
토마토소스 150g
올리브오일 20g
다진마늘 25g
소금, 후추 조금

가지 보트 조리방법

1 파프리카, 피망, 양파는 모두 작게 다진다.

2 방울토마토는 8등분한다.

3 가지는 반으로 잘라 속을 숟가락을 파낸다.

4 파낸 속을 작게 다진다.

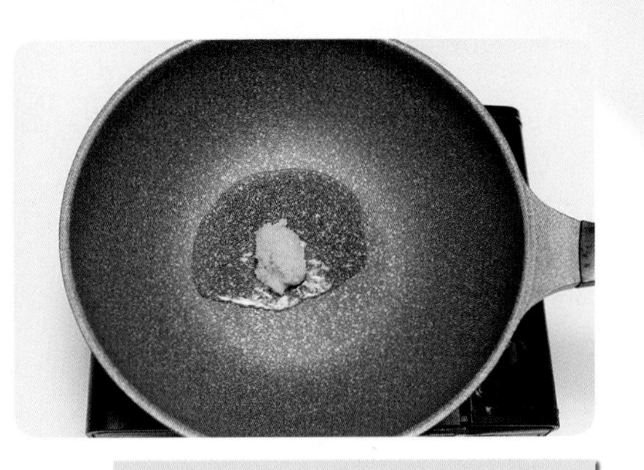

5 팬에 오일과 마늘을 넣고 볶는다.

6 소고기와 후추를 넣고 볶는다.

7 토마토와 다진 가지 속을 먼저 볶다가, 나머지 다진 채소를 모두 넣고 볶는다.

8 채소가 다 익으면 토마토소스를 넣고 볶는다.

9 속을 뺀 가지에 볶아놓은 속을 넣고 피자치즈를 올린 후 오븐에서 200도로 10분간 굽는다.

10 먹기 좋게 담아낸다.

짜장 떡볶이

짜장면은
중화요리의 하나로 고기와 채소를 넣어 볶은
중국된장(춘장)에 국수를 비벼 먹는 음식이에요.
중국 짜장면 : 삶은 면+춘장+오이+숙주나물+완두콩
우리나라 짜장면 : 삶은 면+볶은 춘장+물+양파+양배추+돼지고기+채소

준비물

목표량
도시락의 80%

모양 떡 250g
돼지안심 100g
짜장파우더 2T
양파 1/2개
양배추 1장

당근 1/5개
어묵 1/2장
물 2C
마늘 1T

짜장 떡볶이 조리방법

1 미리 떡에 끓는 물을 부어 부드럽게 불려 놓는다.

2 돼지고기는 깍둑썰기한다.

3 양파, 양배추, 당근은 모두 네모썰기한다.

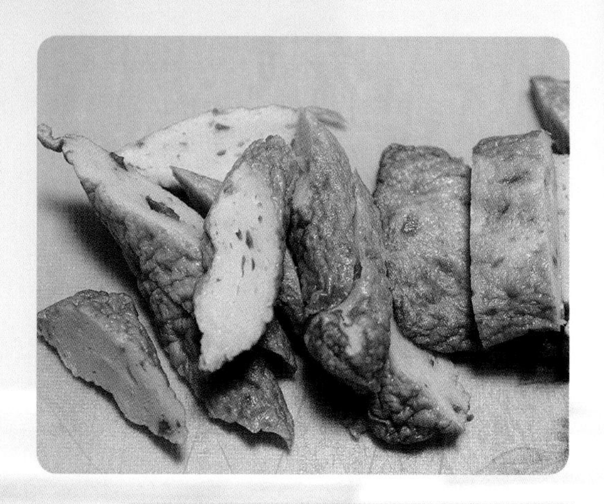

4 어묵은 어슷썰기한다.

5 팬에 기름을 두르고 돼지고기와 마늘을 넣고 볶는다.

6 고기가 반 정도 익으면 썰어 놓은 채소를 넣고 같이 볶는다.

7 양배추가 투명해지기 시작하면 짜장 파우더를 넣고 섞는다.

8 볶아진 채소에 미리 불려 놓은 떡을 넣고 물을 조금 부어 끓인다.

요거트 프룬 컵케이크

요거트(yogurt)는
젖이 발효되어 반 고형 형태로
시큼하게 변한 것을 말하는 터키어입니다.
터키에서 발칸반도에 걸친 동구 지역이 유명해요.
발효유는 기원전 3000년 이전에 지중해 지역에서 유래되었어요.
러시아의 학자 메치니코프는 발칸반도(불가리아)에 장수자가
많은 것이 요거트를 상용하기 때문이라고 주장했어요.
요거트를 마시면 젖산균이 장내 독소를
생성하는 유해균을 막아줘요.

박력분 165g
포도씨오일 3T
베이킹파우더 1T
설탕 90g
요거트 150g
달걀 1.5개
프룬(건자두) 6개

1 달걀과 설탕을 함께 넣는다.

2 작은 거품이 날 때까지 젓는다.

3 오일을 섞는다.

4 박력분과 베이킹파우더를 체에 내린다.

5 주걱으로 살살 섞는다.

6 요거트를 넣고 덩어리지지 않게 섞는다.

7 종이 용기에 예쁘게 담고 건자두를 올린다.

8 오븐에서 170도로 20분간 구워낸다.

김치 채소 롤빵

다양한 김치의 종류

발효 반죽 150g	**양파** 1/2개
배추김치 100g	**옥수수** 1/2C
피망 1/2개	**마요네즈** 2T
당근 60g	**후추** 조금

※ 발효 빵반죽은 온라인에서 구매가능 – '알생지'나 '단과자빵'으로 검색

김치 채소 롤빵 조리방법

1 양파, 당근, 피망을 작게 다지고, 김치는 물에 씻어 작게 썬다.

2 양파, 당근, 피망, 김치를 보울에 넣고 마요네즈와 후추를 뿌린다.

3 골고루 잘 섞는다.

4 덧 밀가루를 뿌려 손으로 치대어 끈기 있게 만든 반죽을 밀대로 밀어 넓게 펴준다.

5 반죽에 마요네즈에 섞어 놓은 속재료를 올려 골고루 펴준다.

6 반죽 끝을 말아 올린다.

7 칼로 반죽을 썬다.

8 오븐에서 180도로 20분간 구워낸다.

세계 3대 식량작물에 속하는 식용작물

옥수수

- 옥수수는 단백질이 적어 콩과 섞어 먹거나 우유, 고기, 달걀 등과 같이 먹는 것이 좋아요.
- 지방함량이 적고 식이섬유가 많아 다이어트 음식으로 많이 이용되지만, 옥수수만 먹는 원푸드 다이어트는 바람직하지 않아요.
- 식이섬유가 풍부해서 변비 예방 효과가 있어요.

각종 질병 예방에 효과가 있는 항상화 식품

크랜베리

- 크랜베리(cranberry)는 유럽 · 북아메리카에 야생하며, 초여름에 꽃을 피우고 가을에 체리와 비슷한 콩만한 크기의 빨간 열매를 맺어요. 크랜(cran)은 꽃 피우는 모습이 학과 비슷하여 이름 붙여졌어요.
- 크랜베리는 포도, 블루베리와 함께 북미의 3대 과일 중 하나로 손꼽혀요.
- 미국에서는 크리스마스에 칠면조 요리의 필수 재료에요.
- 크랜베리는 단맛이 적고 신맛이 강해요.
- 크래베리는 프라그 생성을 막아주고 구강질환을 예방해요.
- 헬리코박터균 번식을 막아서 위궤양과 위염을 방지해요.
- 항상화 능력이 뛰어나서 노화를 방지해요.

키를 쑥쑥 자라게 해주는 요리

통밀 크랜베리 스콘

스콘(scone)은
밀가루 반죽에 베이킹소다 또는 베이킹파우더를 넣어 부풀려 만드는
영국식 퀵브레드(quick bread)의 일종이에요.
크게 달콤(sweet)한 종류와 짭짤한(savory) 종류로 분류할 수 있으나,
각각의 단맛과 짠맛은 크게 두드러지지는 않아요.

통밀 120g
두유 40g
오일 20g
아가베 시럽(꿀) 3T
설탕 10g
베이킹파우더 1t
크랜베리 40g
코코넛롱 20g

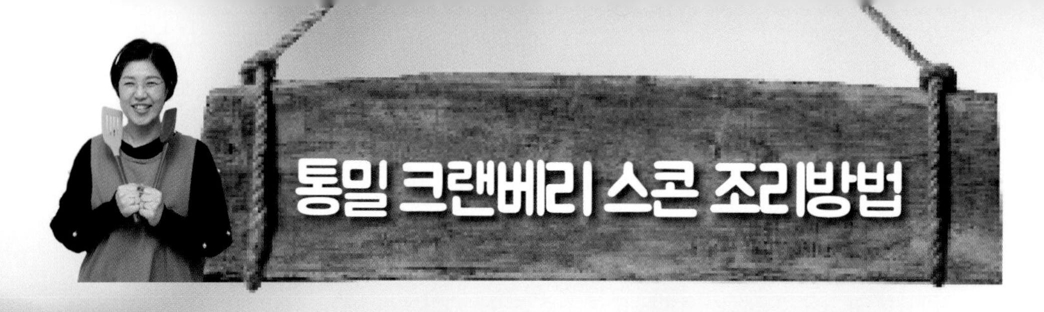

1 스콘 재료들을 저울을 이용해 정확히 계량한다.

2 보울에 두유, 카놀라 오일, 아가베 시럽을 넣는다.

3 모두 잘 섞이게 거품기로 저어준다.

4 밀가루와 베이킹파우더를 체에 내린다.

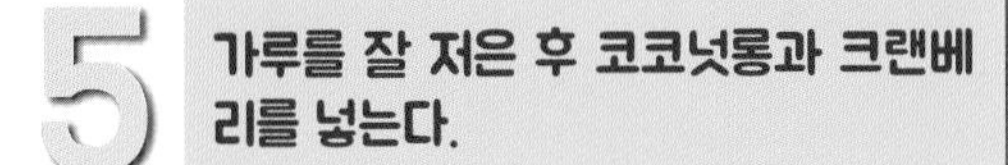

5 가루를 잘 저은 후 코코넛롱과 크랜베리를 넣는다.

6 주걱으로 젓는다(빵이 질겨지므로 너무 오래 섞지 않도록 한다).

7 팬에 한 주걱씩 떠서 팬닝*한다.

8 오븐에서 170도로 15분간 구워낸다.

* 팬닝 : 빵이나 쿠키반죽을 오븐에 굽기 위해 모양을 잡아 팬에 놓는 작업

통밀 콘브레드

퀵브레드(quick bread)는
반죽하는 시간이나 반죽이 부푸는 시간을 줄이기 위해
베이킹소다나 베이킹파우더 등 화학적 팽창제를 이용해서
빨리 부풀게 하여 만든 빵류를 말해요.
빵을 만들 때 사용하는 팽창제가 수분과 접촉하자마자 즉시 부푸는 과정이 일어나요.
달걀 또한 빵의 팽창제로 사용될 수 있어요.
콘브레드(corn bread)를 포함해서 대부분의
비스킷, 머핀, 스콘, 팬케이크, 바나나빵 등
여러 종류의 달거나 신맛이 나는 덩어리빵들이 여기에 포함돼요.

통밀 130g
옥수수가루 100g
베이킹파우더 1/3T
옥수수 130g
설탕 70g

소금 0.5~1g
카놀라오일 50g
우유 40g
계란 1개

통밀 콘 브레드 조리방법

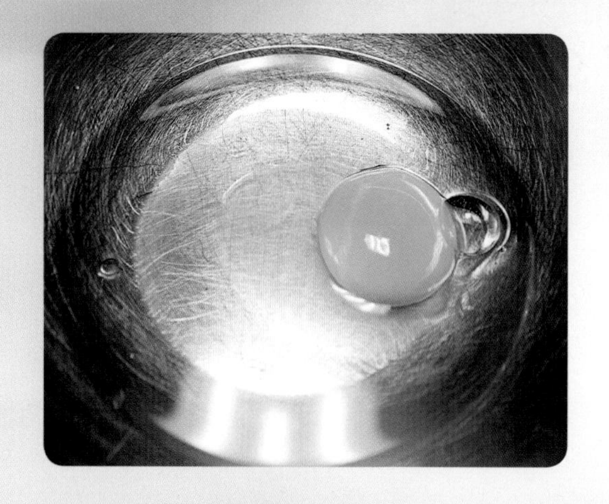

1 계란과 설탕을 잘 섞는다.

2 가루는 모두 체에 내린다.

3 소금과 옥수수를 넣고 주걱으로 섞는다.

4 물기를 뺀 옥수수를 넣어준다.

5 우유를 붓고 가루가 안보일때까지 자르듯이 섞는다.

6 한덩어리가 될때까지 섞어준다.

7 앞뒤로 뾰족하게 만든 후 가운데 줄을 긋는다. 계란물을 발라 구워준다.

8 오븐에서 180도로 20~25분간 구워낸다.

버섯 칼조네

칼조네(calzone)는
이탈리아 전통 요리로, 반으로 접어올린 피자 형태에서
윗부분을 반죽으로 덮은 모양을 하고 있어요.
그 모양이 큰 양말과 비슷하다고 해서 칼조네라 불러요.
처음 나폴리에서 만들어지기 시작했어요.
고기, 채소, 치즈, 토마토소스, 크림 등 속재료를 듬뿍 넣어 만들어요.
주재료인 치즈는 칼슘이 풍부해 성장기 어린이에게 좋아요.

생크림 200ml
맛타리버섯 한 줌
팽이버섯 1봉
새송이버섯 1개
양송이버섯 3개

양파 1/2개
소금 1/2t
마늘 3쪽
전분 1T
후추 조금

모짜렐라치즈 200g
올리브오일 조금
호떡믹스 1봉(296g)
이스트 4g
따뜻한 물 180ml

버섯 칼조네 조리방법

1 양파는 채썰고, 마늘은 얇게 편썰기 한다.

2 버섯은 작게 찢거나 썬다.

3 팬에 기름을 두르고 마늘을 볶는다.

4 양파, 버섯을 추가로 넣고 볶는다.

5 전분가루를 넣어 물기가 없어질 때까지 볶는다.

6 생크림을 넣고 졸인다.

7 만두피에 속재료를 넣고 피자치즈를 얹는다.

8 만두 모양으로 완성하여 팬에 굽는다.

음료 문화가 발달한 베트남

베트남의 음식 문화

베트남도 한국처럼 쌀이 주식이지만, 우리나라 쌀과 달리 찰기가 없는 동남아 지방의 쌀이에요. 반찬은 주로 고기(생선), 생채, 국으로 이루어지며, 한국인같이 간장과 마늘, 고추를 즐겨 먹어요.

쌀로 만든 국수(포, pho)는 베트남의 대표적인 음식으로, 야채 특히 숙주가 들어가 시원하고 매콤한 소스를 곁들여 먹어요.

베트남인은 더운 날씨로 인해 땀을 많이 흘리기 때문에 음료수를 많이 마셔서 음료 문화가 발달했어요.

각종 허브나 향신료가 들어간 태국 요리

태국의 요리

인도와 중국, 동남아시아 중앙에 위치하여 여러 문화의 영향을 받은 태국은 음식 문화도 각 나라의 영향을 많이 받았어요.

국물이 진한 카레의 일종인 깽은 인도에서, 국수 · 만두 · 볶음요리는 중국에서, 달콤한 과자류는 포르투갈에서 전래되었어요. 하지만 토착적인 전통음식 문화와 함께 혼재되어서 발달했어요.

더운 나라이기 때문에 뜨거운 국이나 탕보다는 볶음요리가 더 발달했어요. 각종 허브나 향신료를 잘 이용하는 것도 하나의 특징이에요.

동남 · 동북 아시아의 요리

당고

당고는
일어로 동글동글하게 빚은 경단을 뜻하며,
달콤한 간장소스를 입힌 찰떡 꼬치를 대부분 당고라고 불러요.
일본에서는 달이 가장 크고 환하게 뜨는 음력 8월 15일에
조촐하게 음식을 차리고 억새를 장식하며 달맞이를 했다고 해요.
이때 주로 먹는 음식이 츠키미 당고인데,
모양과 재료는 지역마다 조금씩 다르지만
쌀가루를 반죽해 동그랗게 빚어내는 건 비슷해요.
츠키미 당고와 함께 달이 보이는 곳에 억새를 장식하는 것은
악귀를 쫓기 위해서라고 해요.

경단

찹쌀가루 200g
소금 1/4t
뜨거운 물 10T

간장소스

간장 3T
설탕 4T
올리고당 1T
미림(맛술) 1T
물 70ml
녹말가루 2T

당고 조리방법

1 찹쌀가루에 소금을 넣고 뜨거운 물을 넣고 익반죽*한다. 뜨겁기 때문에 숟가락으로 젓다가 식으면 손에 묻지 않을 때까지 치댄다.

* 익반죽 : 곡물의 가루를 뜨거운 물로 반죽하는 것

2 반죽 겉이 매끄러워지면 조금씩 떼어내 동그랗게 빚는다.

3 물이 팔팔 끓을 때 빚어놓은 반죽을 넣는다.

4 반죽이 물 위로 떠 오르면 속까지 익은 것이므로 20~30초 후에 체로 걸러 찬물에 헹구고 한 김 식힌다.

5 녹말가루는 미리 물에 풀어 놓는다.

6 간장소스가 끓어 오르면 미리 풀어놓은 녹말물을 조금씩 넣고 젓는다. 녹말을 넣으면 많이 뜨거워지므로 조심한다.

7 당고 반죽을 꼬치에 끼운다.

8 간장소스를 당고에 발라준다.

9 콩가루를 당고에 묻혀 굴린다.

10 팥앙금을 떡 위에 올려준다.

바나나 로띠

바나나 로띠(banana roti)는
얇게 편 반죽에 계란과 바나나를 넣어 구운 후
초코시럽과 연유, 설탕 등을 뿌려 먹는 요리에요.
로띠는 납작빵이라는 뜻이에요.
단맛이 강하고 부드러워 태국을 찾는 관광객들에게 인기가 많은 요리에요.
태국은 따뜻한 기후를 가진 나라로
가장 흔한 바나나를 이용한 요리들이 많아요.

팬케이크 가루 4T~5T
우유 60ml
계란 1개
버터 1T
오일 2T
초코시럽펜 1개
연유 1T

1 팬케이크 가루에 우유를 붓고 가루를 모두 잘 푼다.

2 그릇에 계란을 넣고 잘 푼다.

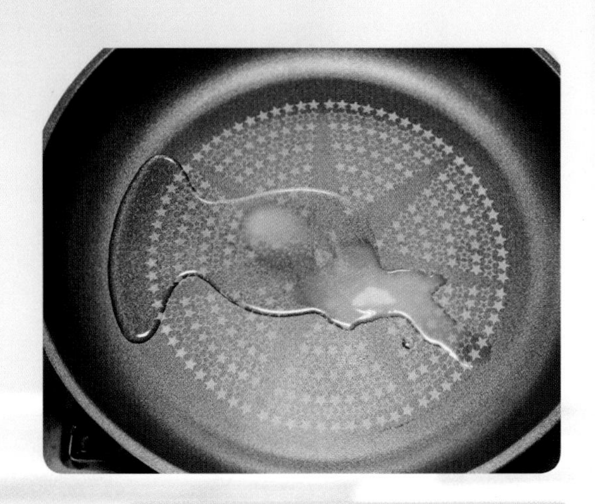

3 바나나는 얇게 썬다.

4 팬에 버터와 식물성 오일을 넣고 달군다.

5 달궈진 팬에 반죽을 부어 얇게 편다.

6 반죽에 풀어놓은 계란을 붓고 바나나를 올린다.

7 반죽 뒷면이 익으면 네모난 모양으로 접는다.

8 다 익으면 접시에 담고 연유와 초코 시럽을 뿌린다.

반쎄오

반쎄오(bánhxèo)는
쌀가루 반죽에 채소, 고기, 해산물 등 속재료를 얹고
반달 모양으로 접어 부쳐낸 음식이에요.
쌀가루 반죽이 속재료를 감싸고 있는 모양은
타코(taco), 크레페(crêpe), 오믈렛(omelet) 등과 비슷해요.
반쎄오(bánhxèo)의 '반(bánh)'은 케이크를 뜻하고,
'쎄오(xèo)'는 의성어로 '뿌지지', '바지지'란 뜻이에요.
다시 말해 '시즐링 케이크(sizzling cake)',
"지글지글 구워내는 케이크, '치익' 소리가 나며 익는 케이크"를 뜻해요.

반쎄오가루 200g
코코넛밀크 1C
물 1C
달걀 1개
강황가루 1t

돼지등심 200g
새우 1C
숙주 300g
쪽파 3뿌리
소금 1t

설탕 1T
다진 마늘 1T
오일 1/2C

반쎄오 조리방법

1 보울에 반쎄오가루와 물, 코코넛 밀크를 넣고 가루를 섞는다.

2 반죽이 섞이면 계란을 풀어넣고 강황 가루를 뿌려 섞일 때까지 젓는다.

3 쪽파는 작게 송송 썰어 반죽에 넣고 소금과 설탕을 넣어 반죽을 마무리한다.

4 숙주는 깨끗이 씻어 물기를 뺀다.

5 팬에 기름을 두르고 마늘을 볶다가 돼지고기를 넣고 볶는다.

6 팬에 기름을 두르고 마늘을 먼저 볶다가 새우를 넣고 볶는다.

7 팬에 기름을 두르고 키친타월로 기름을 제거한 후 반죽을 부어 반죽이 팬에 동그랗게 퍼지도록 한다.

8 반죽 위에 숙주, 돼지고기, 새우를 올리고 반죽을 반으로 접어 뒤집는다.

팟타이

팟타이(pad thai)는
새콤, 달콤, 짭짤한 맛이 어우러지는 태국식 볶음 쌀국수에요.
태국에서 팟타이는 고급 요리라기보다는
노점에서 가볍게 사먹을 수 있는 대중적인 요리라고 할 수 있어요.
태국 요리가 전 세계의 관심을 받으면서
팟타이는 가장 널리 알려진 태국 요리 중 하나가 되었어요.
태국어에서 팟(pad)은 '볶음'이라는 뜻이고,
타이(thai)는 '태국'이라는 뜻이에요.

팟타이

쌀국수 150g
청경채 3개
양파 1/4개
계란 2개
말린 매운고추 조금
마늘 1/2T
대파 1/2뿌리
새우 1C
숙주 한 줌

소스

굴소스 3T
액젓 2T
칠리소스 1T
설탕 2T
라임즙 1T

팟타이 조리방법

1 쌀국수를 찬물에 미리 불려 놓는다.

2 새우를 살짝 데쳐 놓는다.

3 소스를 만들어둔다.

4 팬을 올리고 센불에서 마늘, 양파, 파를 넣고 볶는다.

5 양파가 투명해지기 시작하면 해산물 (새우)을 넣고 볶는다.

6 불려놓은 국수를 부드러워질 때까지 볶는다.

7 계란을 풀어 볶아주고 숙주와 청경채를 넣고 소스를 넣어 마무리한다.

8 땅콩을 뿌려준다.

짜조

짜조(Chảgiò)는
베트남 남부 사투리로 '다진 돼지고기 소시지' 라고 해요.
짜조는 지역에 따라 불리는 이름이 달라요.
남부에서는 '짜조' 라고 부르고, 중부에서는 '람(Ram)',
북부에서는 '넴(Nem)' 또는 '넴 란(Nem Rán, Fried Roll)' 이라고 불러요.
짜조는 오랜 중국의 지배 기간 중 전래되었다고 해요.
베트남 남부에서 먹기 시작해 북부의 하노이(Hanoi)로 전해졌어요.

반짱(튀김용 라이스페이퍼) 10장
돼지안심 100g
새우살 60g
목이버섯 20g
숙주 50g
양파 25g
당근 30g
대파 10g
당면 10g
부추 15g
다진 마늘 20g
후추, 소금 2g

짜조 조리방법

1 당면을 물에 불려놓는다.

2 숙주는 3등분으로 자르고, 물에 불려 놓았던 목이버섯은 잘 다진다.

3 양파, 당근, 대파, 부추를 곱게 다진다.

4 새우살도 잘게 다진다.

5 불어난 당면을 잘 다진다.

6 큰 그릇에 다진 돼지고기, 새우살, 다진 채소를 모두 넣고 다진 마늘, 후추, 소금을 넣는다.

7 잘 섞어 한 덩어리가 되도록 만든다.

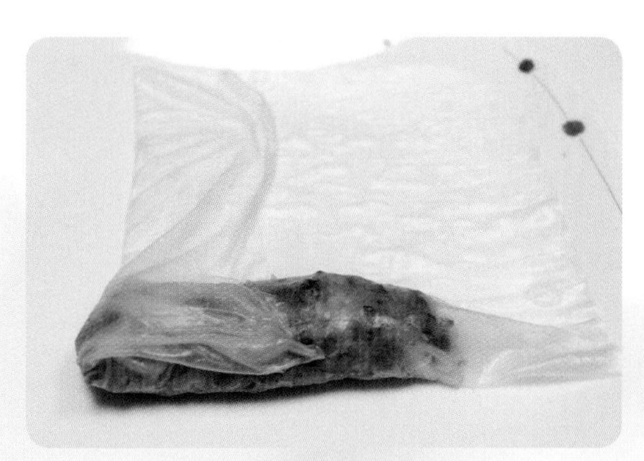

8 반짱을 물에 담궜다가 꺼내어 바닥에 놓고 그 위에 속재료를 한 숟가락 떠서 올려 앞으로 접은 후 양 옆을 올려주고 돌돌 만다.

9 팬에 기름을 두르고 짜조를 앞뒤로 잘 구워준다.

10 먹기 좋게 담아낸다.

도라야끼

도라야끼는
구운 반죽 사이에 팥소를 넣은 일본 과자에요.
징(銅鑼, 도라)같이 생겼다고 해서 도라야끼란 이름이 생겼어요.
초기에는 크레페처럼 빵 한 쪽 위에 팥을 얹은 뒤 빵을 접어 내놓는 형태였는데,
나중에 식감을 좋게 하기 위해 빵 두 쪽을 겹친 오늘날의 형태로 변했다고 해요.
도라에몽이 특히 좋아하는 동그란 모양의
카스텔라 단팥빵 도라야키(どら焼き)는 원작자가
이 빵을 좋아해 작품 속에 등장했다고 해요.

준비물

목표량 10개

박력분 200g	설탕 80g
베이킹파우더 8g	우유 100g
계란 2개	바닐라 익스트랙트 2g
오일 40g	앙금 200g

도라야끼 조리방법

1 보울에 계란, 설탕, 오일을 넣고 섞는다.

2 계란이 풀어지고 설탕이 다 녹으면 박력분과 베이킹파우더를 체에 내린다.

3 가루가 날리지 않을 때까지 섞다가, 우유와 바닐라 익스트랙트을 넣고 반죽을 완성한다.

4 팬에는 기름을 두르지 않는다(코팅프라이팬 경우).

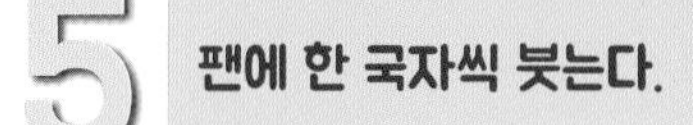

5 팬에 한 국자씩 붓는다.

6 약한 불로 굽는다.

7 다 구워진 반죽 위에 앙금을 가운데가 볼록하게 바른다.

8 다른 반죽으로 닫아 마무리한다.

상투과자

상투과자는
한 입 깨물면 속이 아주 부드러운 과자인데,
마치 상투처럼 생겼다고 해서 상투과자라고 불러요.
밤으로 만든 볼이라고 해서 구리볼이라고 불렸어요.
지금은 밤으로 만들지 않고 백앙금에 고소한 아몬드가루와
우유, 계란 등을 넣어 부드럽게 해서 오븐에 구워 만들어요.

준비물

목표량 50개

백앙금 500g
아몬드 가루 50g
달걀 노른자 1개
올리고당 1T
우유 2T

상투과자 조리방법

1 그릇에 백앙금, 아몬드 가루, 달걀 노른자, 물엿을 모두 넣고 잘 섞는다.

2 앙금 덩어리가 남아 있지 않도록 계속 젓는다.

3 짤주머니에 깍지를 끼워 앙금을 넣는다.

4 팬에 유산지를 깔고 모양을 내어 짜낸다.

5 상투과자는 부풀지 않으모 간격을 좁게 해서 짜내도 된다.

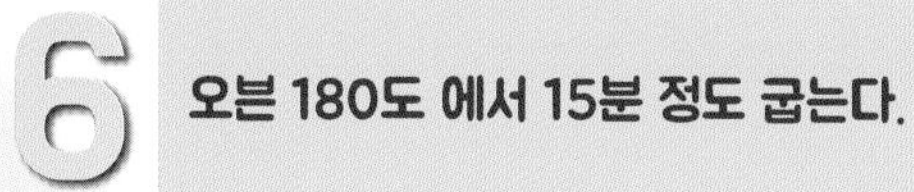

6 오븐 180도 에서 15분 정도 굽는다.

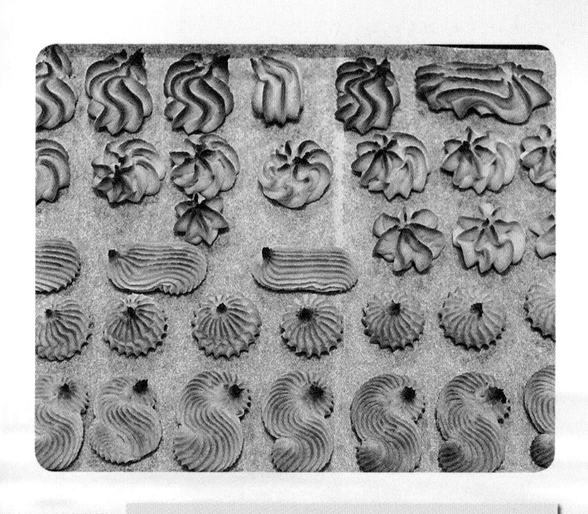

7 뜨거우므로 잠깐 동안 식힌다.

8 그릇에 담아낸다.

아메리카 원주민과 스페인의 음식 문화가 합쳐져 발달

멕시코의 요리

멕시코의 음식 문화는 아메리카 원주민과 스페인의 음식 문화가 합쳐져 발달했어요. 흔한 옥수수와 선인장을 재료로 사용하고, 뜨거운 날씨처럼 독특하고 자극적인 맛이 특징이에요.

또띠아(tortilla, 토르티야)는 옥수수로 만든 대표 음식으로 옥수수 가루를 반죽하여 밀전병처럼 둥그렇게 구웠어요. 또띠야에 음식을 싸 먹는 것을 타코(taco)라고 하며, 멕시코 사람들은 우리가 밥을 먹듯 또띠아와 타코를 먹어요.

영국인이 즐겨 먹는 피시 앤드 칩스

영국의 음식 문화

영국은 오랜 역사와 전통에 비해 음식 문화가 간소하고 개성도 뚜렷하지 않아요.

아침을 든든히 먹기 때문에 아침식사의 양이나 메뉴가 풍성해요.

영국인이 가장 즐겨 먹는 음식으로는 샌드위치와 피시 앤드 칩스(fish and chips)를 들 수 있어요. 피시 앤드 칩스는 흰살 생선튀김에 감자튀김을 곁들인 것으로, 서민들이 즐겨 먹는 음식이에요.

유럽 · 아메리카대륙의 요리

먼치킨 도넛

도넛(doughnut)은
간식의 일종으로 미국에서는 아침식사 대신 먹기도 해요.
미국에서는 고리 모양의 도넛이 많고,
영국에서는 구멍없이 둥글게 만들어요.
먼치킨(munchkin) 도넛은 동그랗고 작은 도넛이에요.
베이킹파우더를 사용해서 반죽하여
바로 튀겨낸 케이크 도넛과
이스트를 사용해서 발효시켜 튀겨낸 빵 도넛이 있어요.

준비물

목표량 15~20개

우리밀 통밀 200g
유기농 두부 150g
올리고당 130g
카놀라오일 30g
자일로스설탕 30g
코코아파우더 15g
소금 1/2t
베이킹파우더 2/3t
계피가루 1T
슈거파우더 250g

1 두부, 카놀라오일, 올리고당을 믹서에 넣는다.

2 곱게 갈아 크림처럼 만든다.

3 밀가루, 베이킹 파우더, 코코아 파우더를 체에 내린다.

4 가루류와 두부크림을 넣고 섞어 반죽처럼 만든다.

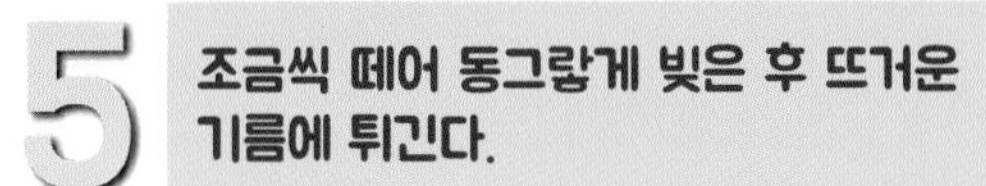

5 조금씩 떼어 동그랗게 빚은 후 뜨거운 기름에 튀긴다.

6 한 김 식힌 후 올리고당으로 살짝 버무려 슈거 파우더와 시나몬 슈거를 묻힌다.

치킨 케사디아

케사디아(quesadilla)는
멕시코 요리 중 하나로,
치즈를 의미하는 스페인어 케소(queso)에서 이름이 파생되었어요.
밀가루로 만든 또띠아 사이에 치즈 · 고기 · 해산물 · 야채 등을 넣고
오븐이나 팬에 굽는 멕시코 요리에요.
속재료는 감자 · 콩 · 양파 · 피망 · 호박 등 다양한 야채를 넣어 담백하게 하거나
소고기 · 닭고기 등 육류와 새우 · 오징어 등 해산물을 많이 사용해요.

준비물

목표량 4개

닭안심 3조각
피망 1/4개
빨강 파프리카 1/4개
노랑 파프리카 1/4개
토마토 1/2개
양파(작은 것) 1/2개
옥수수 2T
모짜렐라 치즈 1/2C
소금 1/2t
후추 1/4t
올리브오일 1T
맛술 1T
다진마늘 1/2T
토마토소스 4T
또띠아 2장(4개 분량)

치킨 케사디아 조리방법

1 모든 채소는 1cm 크기로 깍둑썰기 한다.

2 닭안심도 1cm로 깍둑썰기한다.

3 썰어놓은 닭안심을 팬에 넣고 올리브 오일, 맛술, 소금, 후추로 간을 하여 볶는다.

4 고기가 익으면 썰어놓은 채소를 넣고 볶는다.

5 채소가 볶아지면 토마토 소스를 넣고 같이 볶는다.

6 또띠아를 1/2로 자른 후 가운데에 모짜렐라 치즈를 얹고 그 위에 볶은 채소와 닭고기를 올리고 다시 모짜렐라 치즈를 올린다.

7 양쪽 날개를 올려 덮어 주고 약한 불에서 구워낸다.

스카치 에그

스카치 에그(scotch egg)는
영국에서 즐겨먹는 스낵으로, 에그 데빌(egg devil)이라고도 불려요.
1738년 영국의 유명 백화점인 Fortnum & Mason에서 만들었어요.
삶은 달걀에 생소시지나 소고기를 갈아 겉을 감싼 뒤에
빵가루를 묻혀 튀겨낸 요리에요.
스카치 에그는 인도 무굴 요리인 Nargisi Kofta에서
유래됐을 거라는 견해가 유력한데,
Kofta는 중동 지역에서 많이 만들어 먹는 미트볼 요리에요.

돼지고기 300g
계란 7개
양파 1개
빵가루 2컵
후추 조금

소금 1/2t
생강가루 1/2t
식초 1T
찹쌀가루 1/2C
기름 500ml

1 계란이 잠길 만큼 물을 부은 냄비에 계란, 소금, 식초를 넣고 삶는다. 반숙은 5~6분 삶고, 완숙은 10~15분 삶는다.

2 계란이 삶아지면 바로 찬물에 헹궈 얼음물에 담가놓는다(계란껍질이 잘 까져요).

3 양파는 작게 다진다.

4 돼지고기에 소금, 후추, 생강가루, 다진 양파를 넣고 5분 정도 치댄다.

5 빵가루, 계란물, 찹쌀가루, 삶은 계란을 준비하고 계란에 먼저 찹쌀가루를 얇게 입히고 양념된 돼지고기를 넓게 펴 계란을 감싼다. 고기, 계란물, 빵가루 순으로 옷을 입힌다.

6 팬에 기름을 붓고 빵가루를 떨어뜨려 바로 떠오르면 기름에 넣는다.

7 앞뒤로 뒤집어 골고루 익히고 갈색빛이 나면 꺼낸다.

8 기름을 살짝 빼고 반을 잘라 먹는다.

라따뚜이

라따뚜이(ratatouille)는
'음식을 가볍게 섞다, 휘젓다'의 뜻을 가진
프로방스의 방언 라타톨라(ratatolha),
프랑스어 투이예(touiller)에서 비롯된 말이에요.
다양한 채소를 잘 섞어 만드는 조리법을 표현한 것이지요.
라타뚜이는 메인 요리에 사이드 디시로 곁들이거나
전채 요리 또는 가벼운 식사로 먹어요.
18세기경 니스(Nice)에서 시작된 것으로 추정돼요.
2007년 동명의 애니메이션 영화가 히트를 치면서 전 세계적으로 더욱 유명해졌어요.

준비물

목표량 2인분

쥬키니호박 1/2개
가지 1/2개
새송이버섯 1개
토마토 3개
간 소고기 200g

양파 1/2개
마늘 1T
올리브오일 1T
토마토소스 5T
파마산 치즈가루 1T

라따뚜이 조리방법

1 양파와 토마토를 작게 다진다.

2 팬에 다진 양파와 토마토, 마늘을 넣고 볶는다.

3 추가로 소고기를 넣고 볶는다.

4 토마토소스를 넣고 다시 한 번 볶는다.

5 채소들은 모두 둥글게 채썬다.

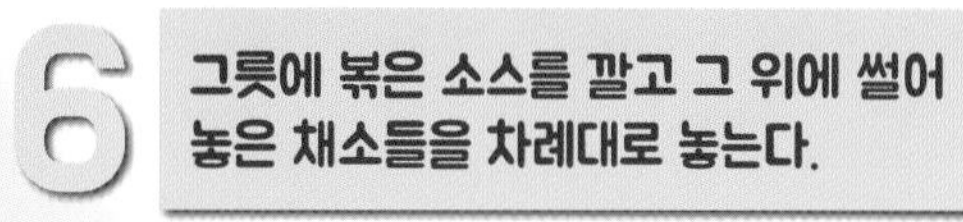

6 그릇에 볶은 소스를 깔고 그 위에 썰어 놓은 채소들을 차례대로 놓는다.

7 오븐에 넣고 220도로 20분간 굽는다.

8 먹기 전에 파마산 치즈가루를 뿌린다.

쿠스쿠스 샐러드

쿠스쿠스(couscous)는
지중해 지역(모로코, 튀니지, 리비아, 이집트 등등)에서
많이 먹는 것으로 세몰리나(semolina) 밀을 작은 알갱이 모양으로 만들고
다시 윗(wheat) 밀가루로 겉을 감싸준 파스타의 한 종류에요.
특히 지중해 지역 중 모로코, 튀니지, 리비아, 알제리 등에서는
우리나라의 쌀밥처럼 식사 때 꼭 함께 먹는 기본적인 음식이랍니다.
프랑스, 스페인, 서아프리카, 시실리섬 등에서도 많이 먹는 음식으로
주로 밥을 지을 때처럼 이 쿠스쿠스를 만든 뒤 접시 바닥에 쿠스쿠스를 깔고
그 위에 양고기, 생선 등의 메인 음식을 얹거나,
스튜(찌개) 등을 만들어 위에 얹어 먹는 것이 가장 일반적인 방법이에요.

쿠스쿠스 1/2C
물 1/2C
파프리카(빨강/노랑) 각 1/4개
배 1/4개
사과 1/4개
오이 1/2개
오렌지 1/2개
옥수수 1/4C
올리브오일 2T
발사믹식초 2T

※ 과일은 계절에 맞는 재료로 대체해도 됩니다.

쿠스쿠스 샐러드 조리방법

1 쿠스쿠스를 끓는 물을 부어 10분 정도 불려준다.

2 오렌지는 껍질을 잘라준다.

3 오이는 가운데 씨 부분을 제거하고 작게 깍둑썰기한다.

4 사과, 배, 파프리카는 작게 깍둑썰기 한다.

5 불은 쿠스쿠스는 포실포실하게 손으로 풀어준다.

6 그릇에 쿠스쿠스와 썰어놓은 재료들을 모두 넣는다.

7 드레싱을 부어 섞는다. 드레싱은 올리브오일과 발사믹식초를 섞어서 만들고 싱거우면 소금을 조금 넣는다.

8 그릇에 담아낸다.

수블라키

수블라키(souvlaki)는
꼬챙이에 올리브기름과 오레가노를 버무려서
재워놓은 고기를 겹겹이 포개 놓고 세로로 세워
천천히 돌리며 불에 구워 먹는 요리에요.
수블라키를 먹는 방법은 매우 다양하지만 보통 피타(pita)라는
그리스 전통 빵에 수블라키와 양파, 양상추를 샌드위치처럼 살짝 끼워서
차지키(tzatziki)라는 요구르트 소스에 찍어 먹어요.
그리스나 키프로스(Cyprus) 사람들은 돼지고기를 많이 이용하고요,
이탈리아 타베르나(Taverna)에서는 양고기를 많이 사용해요.

준비물

목표량 2인분

수블라키

닭안심 10개
파프리카(빨강/노랑) 각 1/2개
피망과 양파 각 1/2개
파인애플 2조각
올리브오일 5T
소금과 후추 조금
오레가노 조금(없으면 생략)
토마토 1개
레몬즙 조금

짜지키소스

플레인요구르트 2개
애플민트 두 줄기
레몬즙 2T
올리브오일 1T
오이 1/2개
마늘 1/4T
식초 1/4T
소금과 후추

수블라키 조리방법

1 닭안심은 깨끗이 씻어 키친타월로 물기를 닦는다.

2 안심은 3등분으로 잘라 밑간을 한다.

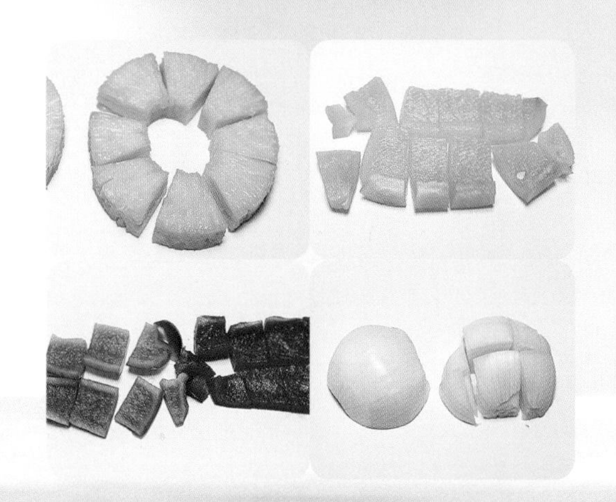

3 꼬치에 끼울 채소와 파인애플은 닭고기 크기와 비슷하게 한 입 크기로 자른다.

4 짜지키소스에 들어가는 오이와 애플 민트는 잘게 다진다.

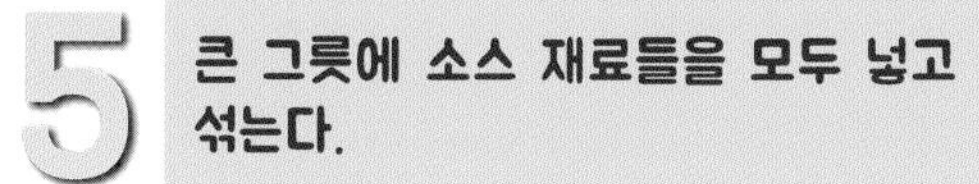

5 큰 그릇에 소스 재료들을 모두 넣고 섞는다.

6 밑간을 한 닭안심과 썰어놓은 채소를 꼬치에 하나씩 끼운다.

7 꼬치를 팬에 올려 앞뒤로 굽는다.

8 소스와 함께 그릇에 담아낸다.

클라우드 에그

클라우드 에그(cloud egg)는
구름처럼 몽글몽글, 입안에서 녹는 듯한 계란요리에요.
소금을 뿌려서 브런치로 많이 먹어요.
일반적으로 12시 전 제공되는 식사를 브런치로 부르는데,
브런치는 아침 식사와 점심 식사보다는 약간 가볍게 먹어요.
브런치의 메뉴로는 팬케이크, 샐러드, 샌드위치, 오믈렛 등
가벼운 음식부터 식사 대용으로 먹을 수 있는 요리까지 다양해요.

달걀 2개
설탕 1/2t
소금 1/4t
후추 조금
파마산치즈 1/2

베이컨 1장
소시지 1개
샐러드 한 줌
방울토마토 3~5개
식빵 1개

1 달걀은 흰자와 노른자로 분리한다.

2 분리한 흰자에 설탕을 넣고 머랭을 만든다.

3 머랭에 뿔이 생기면 거품내기를 그만한다.

4 소금, 후추, 파마산치즈를 넣고 섞는다.

5 팬에 머랭을 먼저 올리고 가운데를 살짝 눌러 노른자를 올리고, 오븐에서 200도로 6분간 굽는다.

6 소시지에 칼집을 내고 방울토마토는 반으로 자른다.

7 베이컨과 소시지도 굽는다.

8 클라우드에그가 다 구워지면 빵위에 베이컨을 올리고 그 위에 클라우드에그를 올린다.

드라니끼

드라니끼(draniki)는
벨라루스의 전통 음식으로 감자를 이용해 만들며
다양한 재료와 곁들여 먹는 음식으로,
감자를 갈아서 사용하기도 하고 채썰어 사용하기도 하며,
속에 고기나 채소를 넣어 부쳐 먹기도 해요.
벨라루스에는 감자요리가 많은데,
감자요리만 전문으로 하는 레스토랑도 있다고 해요.
대부분의 감자요리는 감자를 곱게 갈아 사용한다고 해요.

감자 5개
양파 1개
양송이버섯 7개
밀가루 3T
계란 1개
소금 1/2T
후추 조금
오일

드라니끼 조리방법

1 양파는 작게 다진다.

2 버섯은 얇게 채썬다.

3 채썬 버섯에 소금과 후추를 넣고 살짝 볶는다.

4 감자는 껍질을 벗겨 강판에 간다.

5 갈은 감자에 다진 양파, 계란, 밀가루를 넣고 섞는다.

6 팬에 기름을 두르고 감자전을 부친다.

7 감자전 위에 볶아놓은 버섯을 올린 후 뒤집어서 굽는다.

8 접시에 담아낸다.

엠빠나다

엠빠나다는
스페인의 갈리시아 지방에서 처음 만들었다고 해요.
아르헨티나에서는 가정은 물론, 바 또는 레스토랑에서도 인기가 높다고 해요.
전채 · 간식 등으로 먹는 데 시간이 없을 때는 끼니 대신으로 먹기도 해요.
곱게 다진 고기나 생선살을 두 겹의 패스트리에 싸서 만들어요.
소고기, 신선한 양념과 향신료, 칠리, 삶은 달걀, 올리브와 섞어
소고기 지방에 튀겨낸 것을 으뜸으로 쳐요.

속재료

- 소고기 400g
- 삶은 달걀 3개
- 양파 1/2개
- 만두피 20개
- 소금 1/4t
- 다진 마늘 1T
- 후추 조금
- 오레가노 1t

토마토살사(안 매운 살사)

- 토마토 2개
- 양파 1/4개
- 오이 1/3개
- 파프리카(노랑) 1/2개
- 올리브오일 1T
- 라임즙 3T
- 다진 마늘 1T
- 소금 한 꼬집
- 후추 조금

엠빠나다 조리방법

토마토 살사 만들기

1 오이와 토마토는 씨를 빼고 과육만 썰어 작게 다진다.

2 양파, 오이, 파프리카는 작게 다진다.

3 그릇에 다진 채소를 넣고 소금, 올리브 오일, 후추, 라임즙을 모두 넣고 섞는다.

엠빠나다 속재료 만들기

1 양파는 작지 않은 크기로 다진다.

2 미리 삶아 놓은 달걀은 거품기로 작게 다진다.

3 팬에 쇠고기, 마늘, 소금, 후추를 넣고 볶는다.

4 고기가 반 정도 익으면 양파와 오레가노를 넣고 볶는다.

5 고기와 양파가 볶아지면 그릇에 담고 으깬 달걀과 함께 섞는다.

6 만두피에 속재료를 넣고 반으로 접는다.

7 기름을 달궈 엠빠나다를 튀긴다.

유소년기의 편식은 성장과 발달에 부정적인 영향을 끼쳐요.

편식의 해로운 점

- 편식을 하면 면역력이 약해져 여러 가지 질병에 걸릴 수 있어요.
- 신체 발달에 부정적인 영향을 주거나 비만의 원인이 될 수 있어요.
- 올바른 성격 형성에 부정적인 영향을 끼칠 수 있어요.
- 두뇌 발달을 더디게 할 수 있어요.
- 제때 에너지를 공급하지 못해 활동에 지장을 초래할 수 있어요.

대표적인 고단백질 저칼로리 생선

참치

- 참치는 생선 중에서 가장 단백질을 많이 함유(27.4%)하고 있고, 지방질은 상대적으로 적은 편이에요.
- DHA가 많이 들어 있어 뇌기능 향상에 좋은 식품으로 성장기 아이들에게 좋아요.
- 수험생에게는 두뇌의 영양 공급과 우울증이나 주의력 부족, 과민증 등의 정신질환 해소에 도움을 줘요.
- 오메가-3 지방산은 혈압을 낮추고 염증 유발을 억제하는 등 성인병 예방에도 도움을 줘요.

영양 가득 샌드위치 요리

계란 샌드위치

샌드위치(sandwich)는
얇게 썬 두 쪽의 빵 사이에 육류나 달걀, 채소류 등을
끼워서 만든 간편한 식사 대용 빵이에요.
영국의 존 몬태규 샌드위치 백작은 식사도 하지 않고 카드놀이를 즐겼어요.
하인이 백작을 위해 간단하게 먹을 수 있는 식사를 만들었는데,
그것이 전에는 없던 새로운 음식이에요.
카드놀이를 함께하던 귀족들도 간편함에 반해 먹기 시작해서
영국 전 지역으로 퍼졌어요.
그 음식을 샌드위치 백작의 이름을 붙여 샌드위치라 부르게 됐어요.

준비물

목표량 4~6조각

- 삶은 계란 5개
- 사과 1/2개
- 당근 70g
- 피클 1개
- 식빵 6장
- 소금 1/2t
- 마요네즈 85g
- 치즈 1장
- 슬라이스햄 1장

계란 샌드위치 조리방법

1 사과, 당근은 작게 다진다.

2 피클도 역시 작게 다진다.

3 계란은 흰자, 노른자 모두 칼로 다진다.

4 보울에 모두 넣는다.

5 소금과 마요네즈를 넣고 섞는다.

6 식빵 한 면에 마요네즈를 조금 바른다.

7 그 위에 치즈 또는 햄을 한 장 얹는다.

8 섞어 놓은 재료들을 빵 위에 올린 후 식빵으로 덮고 먹기 좋게 반으로 자른다.

롤리팝 샌드위치

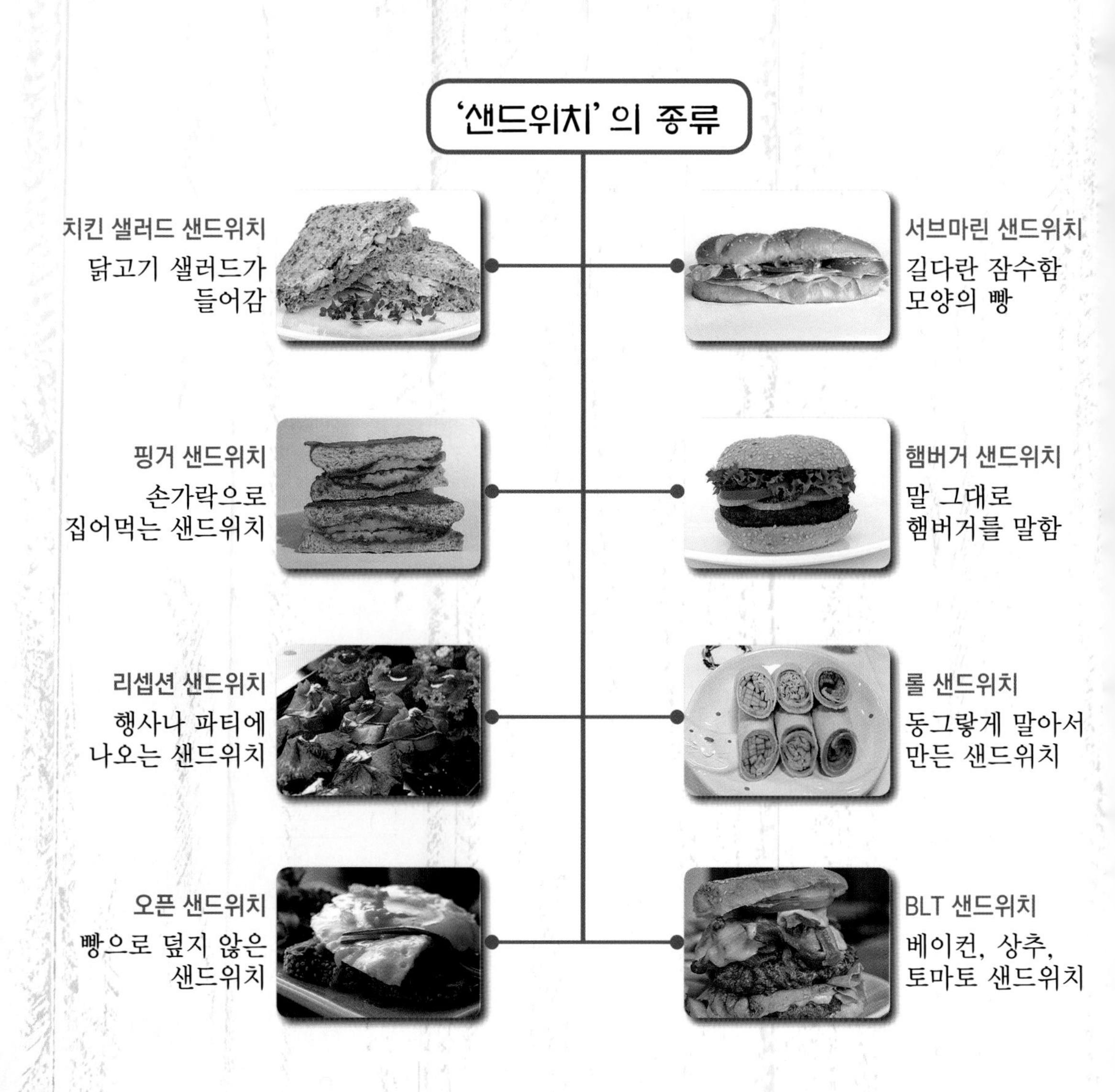

'샌드위치'의 종류
치킨 샐러드 샌드위치
닭고기 샐러드가 들어감
서브마린 샌드위치
길다란 잠수함 모양의 빵
핑거 샌드위치
손가락으로 집어먹는 샌드위치
햄버거 샌드위치
말 그대로 햄버거를 말함
리셉션 샌드위치
행사나 파티에 나오는 샌드위치
롤 샌드위치
동그랗게 말아서 만든 샌드위치
오픈 샌드위치
빵으로 덮지 않은 샌드위치
BLT 샌드위치
베이컨, 상추, 토마토 샌드위치

준비물

목표량
6개(각 2가지씩)

식빵 6장
치즈 2장
슬라이스 햄 2장
사과 1/4개
오이 1/2개
크래미 6개
키위 1개
머스타드 소스 조금

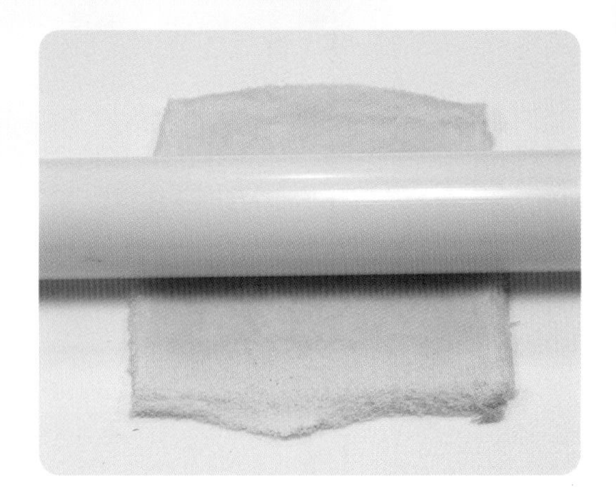

1 식빵의 테두리 부분을 잘라낸다.

2 식빵을 밀대로 밀어 납작하게 만든다.

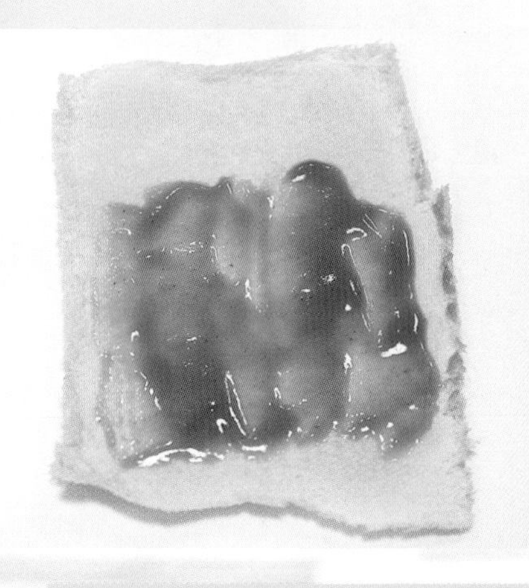

3 오이는 필러로 얇게 저미고, 사과는 채를 썰고, 키위는 동그랗게 썰고, 크래미는 손으로 찢는다.

4 식빵 위에 머스타드 소스를 펴 바른다.

치즈를 빵 위에 얹고 채썰어 놓은 사과를 올려 빵을 돌돌 만다.

6 빵 위에 머스타드, 햄, 키위의 순서로 얹어 만다.

7 빵, 머스타드, 오이, 크래미의 순서로 얹고 돌돌 말아준다.

8 말아올린 빵을 종이호일에 싸서 냉장고에 10분 정도 둔다.

참치 샌드위치

참치는
다랑어라고도 하며, 종류가 많아요.
현재 많이 잡고 있는 종류는
참다랑어 · 날개다랑어 · 눈다랑어 · 황다랑어 · 가다랑어 등이에요.
참다랑어는 다랑어 중에서 가장 크며,
태평양의 참다랑어는 몸길이가 최고 3m이고 체중은 500kg이 넘게 자라요.
참치는 회로 먹거나, 통조림으로 만들어서 요리 재료로 많이 사용돼요.

참치 230g
양파 1/8개
사과 1/4개
당근(중) 1/4개
오이피클(소) 1개
상추 3장
마요네즈 2T
후추 조금
미니 크로아상 6개

참치 샌드위치 조리방법

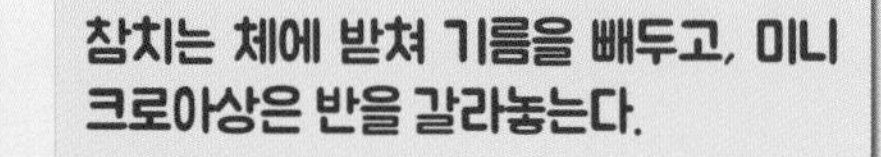

1 참치는 체에 받쳐 기름을 빼두고, 미니 크로아상은 반을 갈라놓는다.

2 양파는 채썰어서 다진다(매울 때는 찬물에 담가둔다). 당근은 길고 가늘게 썰고, 사과는 길게 채썰고, 피클은 작게 다진다.

3 그릇에 참치를 넣고 마요네즈, 후추를 뿌린다.

4 숙주는 깨끗이 씻어 물기를 뺀다.

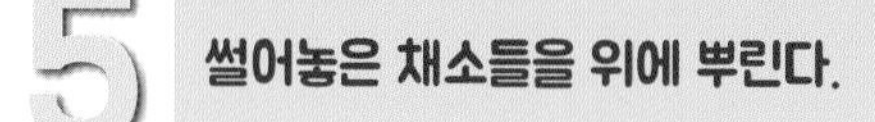

5 썰어놓은 채소들을 위에 뿌린다.

6 잘 섞는다.

7 빵에 마요네즈를 바른다.

8 빵에 상추를 올리고 참치 샐러드를 올린다.

치킨 데리야끼 치아바타

치아바타(ciabatta)는
통밀가루, 맥아, 물, 소금, 올리브오일 등의 재료를 사용해
만든 담백한 맛의 이탈리아 빵이에요.
겉은 바삭 단단하고 속은 부드러워서
그대로 먹기도 하고, 스튜와 같은 국물 요리에 찍어 먹거나
속재료를 넣어서 샌드위치 형태로 먹기도 해요.
데리야끼 소스는 일본을 대표하는 간장소스로
육수를 내서 간장, 설탕, 미림 등으로 조미한 뒤 졸여내요.
주로 생선이나 육류에 윤기가 나게 바른 뒤 구울 때 사용해요.

치아바타

- 닭가슴살 1쪽
- 로메인 상추 3장
- 토마토 1개
- 양파 1/4개
- 치아바타 1개
- 우유 1C
- 소금 1/2t
- 후추 조금
- 로즈마리(밑간) 1/2t

※ 로즈마리 생략가능

데리야끼소스

- 간장 6T
- 물엿 2T
- 올리고당 2T
- 설탕 3T
- 사과 1개
- 후추 1t
- 청주 4T
- 마늘 1
- 양파 1/2개
- 물 4T

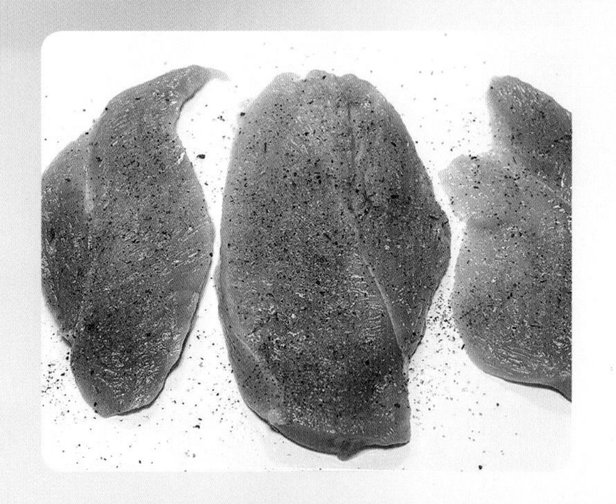

1 우유에 재워둔 닭안심을 물에 헹궈 밑간을 한다.

2 팬에 데리야끼소스 재료를 넣고 반으로 졸인다.

3 채소는 물에 헹궈 물기를 없앤 후 양파와 사과는 얇게, 토마토는 동그랗게 썬다.

4 밑간한 닭안심은 데리야끼 소스를 넣고 간이 배도록 졸인다.

5 치아바타 한쪽 면에 마요네즈를 바른다.

6 상추와 양파, 토마토, 닭안심, 사과 순으로 올린다.

7 치아바타의 다른 쪽 면으로 덮는다.

8 유산지로 포장한다.

오랜 역사를 지닌 대표적인 쌈 채소

상추

- 고구려 시대에 무와 함께 우리나라에 들어왔어요.
- 상추의 줄기는 정신을 안정시키고 수면을 촉진시켜 줍니다.
- 비타민과 칼슘, 마그네슘, 칼슘 등이 많이 들어 있어요.
- 피로를 풀어주는 채소라고도 불려요.

궁중에서 만들어 먹던 음식

궁중음식

- 조선 시대 궁중음식은 어린아기 때부터 철저히 조리를 훈련받은 궁녀들과 남성조리인 숙수들이 만들었어요.
- 각 지방의 특산물인 해물, 육류, 채소, 곡식 등의 산출 시기에 맞추어 신선한 재료로 또는 가공물로 궁중에 진상되었으므로 궁중음식은 종류가 많고 조리법도 다양해요.
- 음식을 만들 때는 임금의 바른 정치를 바라는 마음에서 반듯한 모양을 가진 식재료와 가장 맛있는 부분만 골라 최고의 맛과 멋을 냈어요.
- 강한 향신료는 사용하지 않고, 자극적인 맛을 피해 식재료 본연의 담담한 맛이 나도록 조리했어요.

우리나라 전통요리

화전

화전은
꽃 지짐이, 꽃 부꾸미라고도 불러요.
찹쌀가루를 익반죽해서 만들어요.
고려 시대에 만들어 먹기 시작했고,
조선 시대에는 삼짇날(음력 3월 3일) 비원에서 만들어 먹었어요.
봄에는 진달래꽃 · 배꽃, 여름에는 장미꽃 · 맨드라미,
가을에는 국화꽃 등으로 만들고,
꽃이 없을 때에는 대추, 쑥갓 잎, 미나리 잎, 석이버섯, 잣 등을
꽃 모양을 만들어 붙였어요.

소금 간 찹쌀가루 3/2C
끓는 물 3/2T
대추 2개
쑥갓 1개
소금 2꼬집
올리고당

화전 조리방법

1 찹쌀가루를 계량하여 끓는 물을 넣어 익반죽한다.

2 익반죽하여 점성이 생기면 조그맣게 떼어내 동그란 모양으로 빚는다.

3 동그랗게 빚은 반죽을 평평하게 만든다.

4 대추는 씨를 빼고 돌려깎기하여 돌돌 만다.

5 돌돌 말아 얇게 썬다.

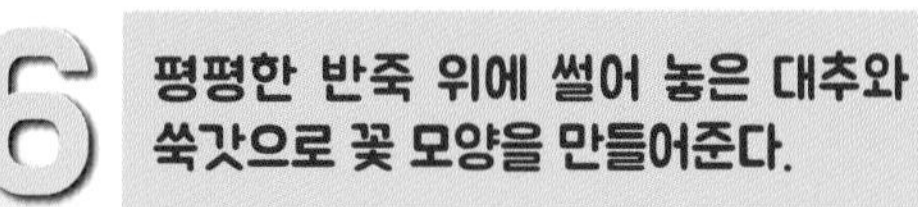

6 평평한 반죽 위에 썰어 놓은 대추와 쑥갓으로 꽃 모양을 만들어준다.

7 달군 팬에 기름을 붓고 노릇노릇 지진다.

8 올리고당을 뿌려 완성한다.

상추장떡

장떡은
찹쌀가루에 된장과 고추장을 섞어 반죽하여 기름에 지져낸 음식이에요.
옛날에는 먼 길을 떠날 때 비상식량으로 애용했어요.
경상남도, 충청남도 지역에서 즐겨 먹었어요.
조리가 간단하고 영양가가 높은 음식이에요.

상추 16장	고추장 3T
양파 1/2개	된장 1T
당근 1/2개	물 1C
통밀가루 2C	기름 조금

상추장떡 조리방법

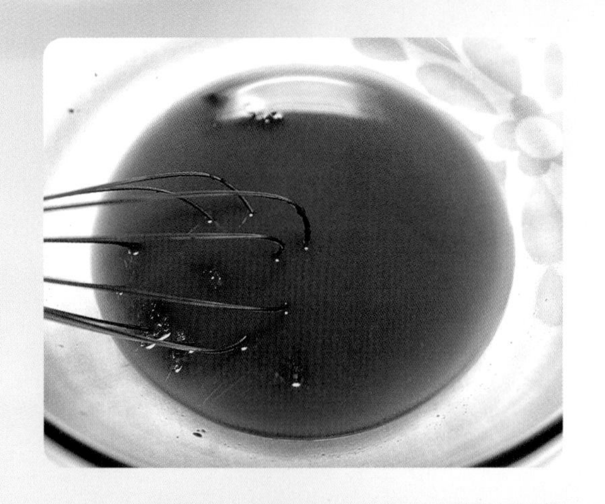

1 보울에 고추장, 된장과 물을 넣고 풀어준다.

2 통밀가루를 고추장과 된장을 풀어놓은 물에 넣는다.

3 잘 뒤섞는다.

4 상추는 길게 썬다.

5 양파와 당근은 채썬다.

6 썰어 놓은 채소를 통밀가루 반죽에 넣는다.

7 잘 뒤섞는다.

8 팬에 기름을 두르고 한 숟가락씩 떠서 앞뒤로 지진다.

궁중 떡볶이

궁중 떡볶이는
간장과 참기름으로 유장 처리한 떡에
갖은 양념으로 간을 한 고기와 야채를 섞어 볶은 음식이에요.
옛 궁궐에서 임금 · 왕자 · 공주 등이 먹었던 음식으로 수라상에 올랐어요.
간장 떡볶이라고도 하며, 맛이 잡채와 비슷하고 불고기 양념과 같아요.
파평 윤씨 종가의 간장 맛은 매우 좋았는데,
소갈비와 함께 떡을 넣어 간장으로 간을 한 별식이에요.
한양으로 올려 보낸 가래떡이 딱딱하게 굳어버려서
떡을 삶아 여러 재료를 넣어 볶아 먹었던 것이 시초래요.

떡볶이

떡 450g
당근 1/4개
표고버섯 2장
소고기 150g
부추 한 줌
양파 1/2개

소스

간장 3T
마늘 1/2T기호에 따라
설탕 2T
아가베시럽 2T
참깨 1T
참기름 1T
매실 1T
후추 1/2t
맛술 1T

궁중 떡볶이 조리방법

1 떡볶이 떡을 미리 뜨거운 물에 불려둔다.

2 채소는 모두 채를 썬다.

3 부추는 5cm 간격으로 잘라 놓는다.

4 소스는 모두 한곳에 넣고 설탕이 녹을 때까지 젓는다.

5 떡에는 간장과 참기름으로 밑간을 해 놓는다.

6 고기에 소스를 조금 붓고 부추를 뺀 채 썬 채소를 넣고 같이 볶는다.

7 떡을 넣고 소스를 넣은 후 다시 볶는다.

8 마지막으로 부추를 넣고 약한 불에서 살짝 볶는다.

토마토 소스 파스타, 오일 파스타와 더불어 크림 파스타의 기본

까르보나라 파스타

- 이탈리아어로 'Carbone'는 '석탄'이란 뜻으로, 중부
- 이탈리아에 위치한 라치오 지방의 음식이에요.
- 아페니니 산맥에서 석탄을 캐던 광부들이 오랫동안 보존할 수 있도록 소금에 절인 고기와 달걀만으로 만들어 먹기 시작했어요.
- 이탈리아(로마식)에서는 생크림은 전혀 사용하지 않고, 판체타(이탈리아식 햄)나 달걀노른자, 치즈가루만 사용해요.
- 한국식 까르보나라는 2차 세계대전 이후 미국에서 변형된 형태로 생크림을 듬뿍 넣어 걸쭉하게 해서 먹어요.

곡식의 가루를 찌거나 익힌 뒤 모양을 빚어 먹는 음식

떡의 종류

- 찌는 떡(시루떡)……쌀가루에 물을 내려 덩어리로 찌는 떡. 예 : 백설기
- 치는 떡(도병)……곡물을 가루로 만들어 찐 후 절구나 암반에 놓고 찧은 떡. 예 : 인절미
- 지지는 떡……찹쌀가루를 반죽하여 모양을 내어 기름에 지진 떡. 예 : 전병, 화전
- 빚는 떡……곡물가루를 익반죽하여 모양을 빚어 만든 떡. 예 : 송편, 경단, 단자

찌는 떡(백설기)

치는 떡(인절미)

지지는 떡(화전)

빚는 떡(송편)

재미 있는 퓨전요리

롤리팝 쿠키

롤리팝(lollipop)은
크고 동그란 캔디가 달린 막대사탕을 뜻해요.
'롤리팝'이라는 용어는 1796년 잉글랜드의 사전 편찬자
프란시스 그로스가 처음으로 사전에 기록하였다고 해요.
막대사탕은 다양한 색과 맛의 상품으로 이용할 수 있으며,
특히 과일맛이 많아요.
노르웨이, 독일, 네덜란드에서 감초사탕을 많이 먹어요.

박력분 150g
초코파우더 5g
오일 40g
달걀 1개

슈가파우더 55g
베이킹파우더 1g
바닐라익스트랙 2g

1 보울에 오일, 달걀, 슈가파우더, 바닐라 익스트랙을 모두 넣는다.

2 크림이 될 때까지 젓는다.

3 밀가루와 베이킹 파우더를 체에 내린다.

4 반죽이 완성되면 반으로 나눠 하나는 초코파우더를 넣고 다른 하나(흰반죽)는 밀가루 10g을 추가하여 반죽을 완성한다.

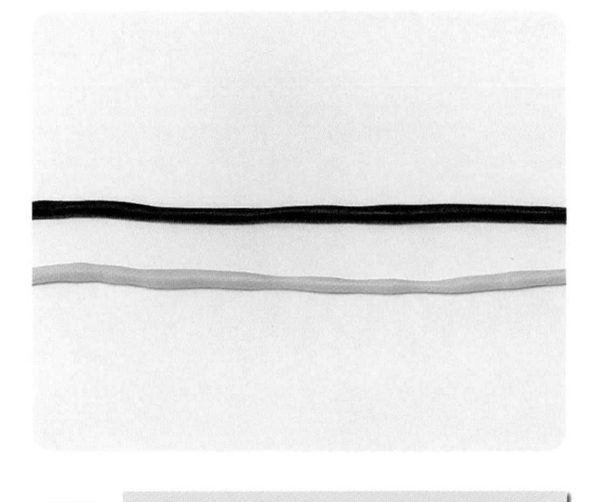

5 반죽을 조금씩 떼어 길게 늘인다.

6 흰 반죽과 초코반죽을 서로 붙여 손을 반대방향으로 돌려 꼰다.

7 반죽 밑에 물을 묻힌 나무 막대를 놓은 후 오븐에서 180도로 15분간 굽는다.

8 리본으로 장식한 후 비닐로 포장한다.

시리얼 초코바

시리얼(cereal)은
옥수수, 쌀, 보리, 밀 등을 조리하여 얇은 조각으로 만들어
우유와 같이 먹는 식품이에요.
시리얼(cereal)이란 말은 로마 신화에서
농업의 여신인 케레스(Ceres)에서 유래했다고 해요.
대부분의 시리얼은 음료나 물에 적셔 죽처럼 부드럽게 해서 먹어요.

초코바

- 현미시리얼 1/2C
- 시리얼 1C
- 건포도 1/2C
- 땅콩 1/2C
- 아몬드 슬라이스 1/2C
- 해바라기씨 1/2C
- 다크초콜릿 170g

시럽

- 설탕 1T
- 올리고당 1T
- 물엿 1T
- 오일 1/4t

시리얼 초코바 조리방법

1 초콜릿은 중탕으로 녹인다.

2 시럽 재료를 모두 넣고 바글바글 끓인다.

3 시리얼과 견과류를 보울에 담는다.

4 시리얼과 견과류에 초콜릿을 넣고 섞는다.

5 끓여 놓은 시럽을 넣고 서로 엉겨 붙도록 섞는다.

6 사각 무스틀에 넣고 위를 평평하게 해준다.

7 찬 곳에 두고 10분 정도 식혀 굳힌 후 자른다.

크림 떡볶이

크림 떡볶이(까르보나라 떡볶이)는
고소한 치즈와 크림소스에 쫀득쫀득한 떡을 담가
부드럽고 달콤한 감칠 맛이 나는 요리에요.
맵고 자극적인 맛을 없애고 부드러운 맛을 더하여
고소하고 담백한 맛을 주어요.

가래떡 350g
베이컨 2줄
브로콜리 1/3송이
양파 1/2개
마늘 5개
양송이버섯 2개
생크림 1C
우유 1/2C
올리브오일 1T
소금 1/2t 기호에 맞게
파슬리가루 1T

1 가래떡은 뜨거운 물을 부어 미리 불려 놓는다.

2 양파는 길게 채썰고 길면 반으로 자른다. 브로콜리는 한 입 크기로 자른다.

3 마늘은 넓게 편으로 썰고, 양송이 버섯도 세로로 편썰기한다.

4 베이컨은 6등분해서 자른다.

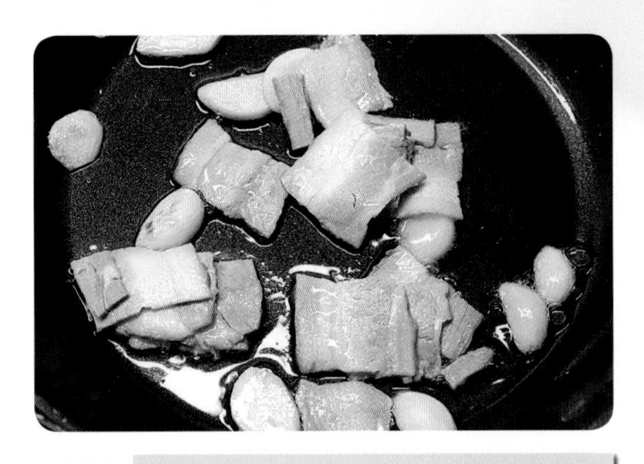

5 팬에 올리브오일을 두르고 마늘을 먼저 볶다가 베이컨을 넣어 볶는다.

6 베이컨이 구워지면 양파, 버섯 순으로 넣어 함께 볶는다.

7 채소가 반 정도 익으면 생크림과 우유를 넣고 한 번 끓인다.

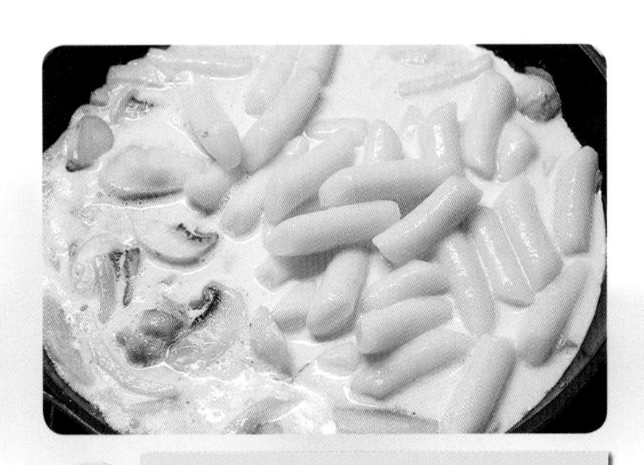

8 불려놓은 떡을 소스에 넣고 끓인다.

9 떡이 끓으면 브로콜리를 넣는다.

10 마지막에 소금으로 간을 하고 불을 끈다(파슬리 가루는 기호에 따라 넣어도 되고 넣지 않아도 된다).

도깨비방망이 떡꼬치

떡과 떡꼬치는
주로 찹쌀이나 멥쌀을 이용해요.
우리나라에서 떡은 관혼상제, 명절, 아기의 백일 · 돌 · 생일,
기타 여러 잔치에 빠지지 않는 메뉴에요.
원시농경 시대부터 떡을 먹었을 것으로 추측해요.
떡꼬치는 떡볶이를 약간 변형해 만든 간식으로 떡볶이처럼 끓이지 않고
기름에 튀기거나 구워서 맵고 달콤한 고추장 소스를 발라 먹어요.

떡꼬치

가래떡 15개

시리얼 1C

다진 땅콩분태 1/2C

양파 1/4개

다진 마늘 1/4T

고추장 소스

고추장 1.5T

케첩 3T

매실원액 1/2T

간장 1/2T

설탕 1T

맛술 1/2T

올리고당 2T

물엿 1/2T

참기름 1/4T

도깨비방망이 떡꼬치 조리방법

1 시리얼을 봉투에 넣고 밀대로 밀어 작게 으깬다.

2 팬에 고추장 소스 재료를 넣고 다진 양파를 넣는다.

3 걸쭉해질 때까지 볶는다.

4 떡을 하나씩 꼬치에 끼워 기름을 두른 팬에 올려 굽는다.

5 구워진 떡에 고추장 소스를 바른다.

6 고추장 소스를 바른 떡에 시리얼을 돌려가며 묻힌다.

7 고추장 소스를 바른 떡에 땅콩분태를 돌려가며 묻힌다.

8 접시에 담아낸다.

어묵 잡채

잡채는
여러 채소를 섞은 음식을 뜻해요.
잔칫상에 빼놓을 수 없는 음식으로
생일잔치, 결혼 피로연, 환갑잔치 등에 꼭 내놓아요.
17세기 조선 시대 광해군 재위 시절
궁중연회에서 처음 선보인 것으로 알려져 있지만,
당면이 들어간 요즘 형태의 잡채는 1919년 황해도 사리원에
당면공장이 처음 생기면서 시작되었고,
본격적으로 먹기 시작한 것은 1930년 이후에요.
당면은 녹두나 감자의 녹말을 반죽하여
국수로 뽑아 천연동결법으로 만들어요.

어묵 4장
당면 100g
당근 100g
피망 1개
양파 100g

소스

간장 60ml
설탕 2T
다진마늘 1T
참기름 1T
후추 조금
맛술 1T
오일 4T

어묵 잡채 조리방법

1 소스재료를 모두 섞어 미리 만들어 놓는다.

2 채소는 모두 채썰기한다.

3 어묵은 가로로 길게 썬다.

4 팬에 물을 올려 끓기 시작하면 당면을 넣고 삶는다(10~12분).

5 팬에 기름을 두르고 양파 → 어묵 → 피망→ 당근 순으로 볶는다.

6 채소를 다 볶고 나면 만들어 놓은 소스를 팬에 붓고 2분 간 바글바글 끓인다.

7 삶은 당면은 물기를 빼고 팬에 살짝 볶는다.

8 당면에 끓여놓은 소스를 붓고 볶는다.

9 간을 맞추고 볶아놓은 재소를 모두 넣어 섞는다.

10 그릇에 담아낸다.

cafe.naver.com/kidscookcook
e-mail : jinedukea@naver.com